맛있는 요리를 만드는 레시피가 있는 것처럼 웃음, 힐링, 성장을 만드는 레시피도 있을까요?
레시피팩토리는 모호함으로 가득한 이 세상에서 당신의 작은 행복을 위한 간결한 레시피가 되겠습니다.

진짜 맛있고
진짜 다채로운
기본 집밥의
응용 레시피 230개

진짜 기본 요리책

응용편

Prologue

집밥을 사랑하는
당신에게 꼭 필요한,
두 번째 요리책을
만들었습니다

왕초보도, 베테랑도 칭찬한
국민 집밥책 <진짜 기본 요리책>

제 부엌 옆 작은 책장에는 그간 만들었던 요리책들이 줄지어
꽂혀 있습니다. 그중 유독 손때가 타서 두툼해진 책이 있는데요,
바로 <진짜 기본 요리책>입니다. 밥상에 자주 올리는 기본 중의
기본 메뉴 320여 가지가 재료 손질부터 불 세기, 조리시간까지
마치 수학공식처럼 자세히 소개되어 있어, 집밥이 만만해진
22년차 주부인 저도 수시로 뒤적이며 참고하고 따라 하고 있지요.

<진짜 기본 요리책>은 2013년 1월, 세상에 나왔습니다.
출간 즉시 베스트셀러에 올랐고, '진기요'라는 애칭으로 불리며
국내 대표 집밥 지침서로 자리매김했어요. 이 책 덕분에 과분할 만큼
칭찬도 많이 받았답니다. 새내기 부부는 물론 베테랑 주부, 자취생,
기러기 아빠, 외국인 주부, 요리 강사와 학생, 레스토랑 셰프까지
'꼭 필요한 요리책'이라며 아낌없는 성원을 보내주셨지요.
지면을 통해, 이 책의 모든 독자님들에게 다시 한번 깊이 감사드립니다.

응용편의 시작,
진.기.요.표 다채로운 집밥 레시피가 필요해요!

지난해 레시피팩토리팀은 또 한 권의 소장가치 높은 요리책을
선보일 준비에 돌입했습니다. 그 시작은 격주로 진행하고 있는
독자님들과의 아이디어 회의에서였어요. 한끗 다른 다채로운
집밥 레시피를, 믿고 따라 할 수 있는 <진짜 기본 요리책>만의
방식대로 소개한 후속편을 만들어달라는 제안이었습니다.
집에서 가족들이 온라인 수업을 듣거나, 근무를 하는 날이
늘면서 집밥을 자주 준비하다 보니 다양한 메뉴가 필요하다는
의견이었지요. 그래서 내부 검토를 거쳐 낯선 메뉴를 보여주는
2탄보다는 늘 먹는 집밥을 다채롭게 변형해 소개하는
'응용편'을 출간하기로 결정했답니다.

출간 확정 후 먼저 독자 기획단을 모집해 설문에 돌입했어요.
집에서 가장 자주 해먹는 집밥 메뉴를 파악하기 위해서였지요.
일상 반찬부터 고기나 해산물 요리, 국물 요리,
한그릇 식사와 간식에 이르기까지 꼼꼼히 조사했습니다.
그렇게 기본 집밥 아이템을 뽑았고, 이어 130여 권의
요리잡지 <수퍼레시피>를 참고해 각 아이템마다
다양한 응용 레시피를 기획했습니다. 재료, 양념,
조리법의 다채로운 재조합과 변형을 통해 친숙하면서도
새로운 집밥 메뉴들을 하나씩 만들어갔지요.
이번 작업은 레시피팩토리에서 <진짜 기본 요리책>과
<수퍼레시피>의 메뉴들을 총괄했고, 지금은 요리 연구가로
활동하고 있는 정민 테스트쿡이 함께했습니다.
매일 남편의 도시락을 준비하고 두 아이의 집밥을 챙기는
주부이자 요리 전문가인 그녀는 실용적이면서도 차별화된
응용 레시피들을 풍성하게 개발해 주었습니다.

일상 재료, 기본 양념, 쉬운 조리법으로
매일 다른 집밥 즐기기

<진짜 기본 요리책>이 그랬던 것처럼, 이 책 역시 저를 포함해
많은 분들에게 아주 유용하게 쓰일 겁니다. 익숙한 일상 재료,
집에 있는 기본 양념, 부담 없이 쉬운 조리법으로 구현할 수 있는
기본 집밥의 다채로운 응용 메뉴들. 누구나 따라 하면
성공하는 친절하고 정밀한 레시피들. 이 책의 도드라진 강점들은
집밥을 즐기는 누구나 가장 원하는 것들이기 때문이에요.
저는 무엇보다 불고기 덕후인 아들을 위해 이 책에 소개된
6가지 불고기부터 하나씩 만들어 볼 생각입니다. 물론
남편과 제가 좋아하는 생선조림도 4가지 응용 버전 모두
따라 해야지요. 가족들이 환호할, 다채로워진 우리 집 식탁을
생각하니 벌써부터 흐뭇해집니다.

마지막으로 이 책이 나오기까지 아낌없이 노력해 주신
모든 분들에게 인사 전합니다. 설문에 참여해 정확한 이정표를
꽂아준 30명의 독자 기획단 여러분, 변함없는 환상의
콤비 플레이를 보여준 이소민 편집장과 정민 테스트쿡,
상당했던 작업 분량을 흔쾌히 소화해 준 원유경 아트디렉터와
박형인 포토그래퍼, 김주연 푸드스타일리스트에게
진심으로 깊이 감사드립니다. 그리고 이번 책의 모티브가 되어준
130여 권의 <수퍼레시피>를 최선을 다해 함께 만들었고,
지금은 각자의 분야에서 빛을 발하고 있는 레시피팩토리
가족이었던 테스트쿡들과 에디터들에게도 고맙다는 말 전하고
싶습니다. 좋은 책을 만들기 위해 늘 진심으로 노력하겠습니다.
감사합니다.

발행인 박성주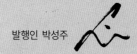

<진짜 기본 요리책 : 응용편>을 함께 만든 30명의 독자 기획단

강가영	김민선	김정은	박찬미	오세나	이경민	이예림	이현주	정지은	최란정
강혜진	김유리	김효진	안혜원	오은혜	이득희	이자현	이혜정	정진주	최진영
김남연	김정아	문보람	오광숙	왕주희	이연숙	이지은	전태화	지미옥	홍수향

Contents

CHAPTER 1

자주 접하는 재료를 더한 **일상 반찬**

친숙하면서도 새롭게 변신시킨 **고기와 해산물 요리**

새로운 맛과 재료를 더한 **국물 요리**

맛집 버전으로 업그레이드 **한 그릇 식사와 간식**

기본 가이드

<진짜 기본 요리책 응용편> 활용법

1 카테고리 메뉴 선정
다양한 응용 요리를 카테고리별로 분류했어요.
메뉴명, 사진, 소개글을 먼저 보고,
어떤 요리가 있는지 한눈에 확인하세요!

2 요리 사진을 한 눈에
만들어볼 요리를 사진으로 확인하세요.
응용법도 가능한 함께 사진에 담았답니다.

5 계량도구, 눈대중, 손대중까지
레시피만 따라 하면 성공할 수 있도록
계량도구를 기본으로 사용하되,
장 볼 때, 바쁘게 요리를 준비할 때
활용할 수 있도록 손대중, 눈대중도 함께
담았어요.

6 200% 활용 가능한 다채로운 응용법
아이용으로 맵지 않게 즐기기,
곁들이기 좋은 다양한 것들,
재료 대체하기 등을 소개합니다.
모든 레시피마다 더해진
응용법을 꼭 활용해 보세요.

3 분량, 조리시간, 저장 기간 표시
대부분의 요리는 2~3인분의
분량으로 표시했어요.
저장 기간은 냉장고에 두고
먹을 수 있는 기준으로 소개합니다.

4 상세한 과정 사진과 설명
과정 사진과 설명을 1:1의 방식으로
상세히 넣었기에 더 쉽게 요리를
따라 할 수 있도록 했어요.

7 유용한 과정 팁
요리 과정시 알아두면 좋은
실패 방지 노하우, 조리 상식도 소개합니다.

계량도구 사용법 & 불 세기 조절하기 & 팬 달구기

● 계량컵 & 계량스푼

1컵 = 200㎖
1작은술 = 5㎖
1큰술 = 15㎖

● 종류별 계량하기

간장, 식초, 맛술 등 액체류

계량컵 / 평평한 곳에 올린 후
가장자리가 넘치지 않도록
찰랑찰랑 담는다.
계량스푼 / 가장자리가 넘치지
않을 정도로 찰랑찰랑 담는다.

설탕, 밀가루 등 가루류

계량컵 & 계량스푼
설탕, 소금 같이 입자가 큰 가루
가득 담은 후 젓가락으로
윗부분을 평평하게 깎는다.

밀가루 같이 입자가 고운 가루
체에 내린 후 꾹꾹 누르지 말고
가볍게 담는다. 젓가락으로
윗부분을 평평하게 깎는다.

＊1/2큰술을 계량할 때는 1큰술을
담은 후 손가락으로 절반까지 밀어낸다.

된장, 고추장 등 장류

계량컵 & 계량스푼
재료를 바닥에 쳐 가며 가득 담은 후
윗부분을 평평하게 깎는다.

＊동일한 1컵이라도 밀가루는 가볍고
고추장은 무겁다. 따라서 부피와 무게를
동일하게 계산해서는 안 된다.

콩, 견과류 등 알갱이류

계량컵 & 계량스푼
재료를 꾹꾹 눌러 가득 담은 후
윗부분을 깎는다.

● 불 세기 알아보기

가스레인지의 불꽃과 냄비(팬) 바닥 사이의 간격으로
불 세기를 조절하자. 집집마다 화력이 다르므로
레시피에 적힌 조리 상태를 함께 확인하자.

불꽃과 냄비의
간격이 중요해요!

중약 불

1cm 가량

0.5cm 가량

약한 불
불꽃과 냄비 바닥 사이에
1cm 정도의
틈이 있는 정도

중간 불
불꽃과 냄비 바닥 사이에
0.5cm 정도의
틈이 있는 정도

센 불
불꽃이 냄비 바닥까지
충분히 닿는 정도

＊인덕션을 사용한다면 불 세기에 따라, 3~4 : 약한 불 / 6~7 : 중간 불 / 9~10 : 센 불로
구분할 수 있다. 단, 제품에 따라 차이가 있을 수 있으므로 미리 확인하자.

● 팬을 잘 달구는 세 가지 방법

다음 중 가장 편한 방법을 활용한다.
단, 특별한 주의가 필요한 경우 레시피의 설명을 따른다.

28cm

방법 1
지름 28cm 팬 기준,
중간 불에서 1분 30초간
달군다. 팬의 두께에 따라
1~2분간 더 달궈도 좋다.

방법 2
팬에 손을 가까이
댔을 때 따뜻한 열기가
느껴질 때까지
중간 불에서 달군다.

방법 3
팬에 물 1~2방울
떨어뜨렸을 때 지지직
소리가 날 때까지
중간 불에서 달군다.

기본 양념 리스트와 대체하기 & 레시피 분량 조절법

● 기본 양념

미리 기본 양념을 갖춰두면 요리하기가 훨씬 수월하다.

가루류
- □ 감자전분
- □ 고춧가루
- □ 들깻가루
- □ 밀가루
- □ 설탕
- □ 소금
- □ 카레가루(또는 고형카레)
- □ 통깨
- □ 튀김가루
- □ 파마산 치즈가루
- □ 후춧가루

다진 것
- □ 다진 마늘
- □ 다진 생강
- □ 다진 파

액체류
- □ 국간장
- □ 레드와인(달지 않은 것)
- □ 레몬즙
- □ 맛술
- □ 발사믹식초
- □ 식초
- □ 액젓(멸치 또는 까나리)
- □ 양조간장
- □ 청주

장류
- □ 고추장
- □ 된장

기름류
- □ 고추기름
- □ 들기름
- □ 버터
- □ 식용유
- □ 올리브유
- □ 참기름

기타류
- □ 굴소스
- □ 꿀
- □ 돈가스소스
- □ 땅콩버터
- □ 마요네즈
- □ 머스터드
- □ 매실청
- □ 새우젓
- □ 연겨자
- □ 연와사비
- □ 올리고당
- □ 토마토 스파게티 소스
- □ 토마토케첩
- □ 통후추

● 기본 양념 대체하기

신맛

식초 1큰술 = 레몬즙 1과 1/2큰술

시큼한 정도를 기준으로 보면 레몬보다 식초가 더 시큼한 편.
특유의 향이 있는 레몬은 드레싱, 소스 등에 주로 사용한다.

단맛

설탕 1큰술 = 조청(쌀엿) 1큰술
= 올리고당(또는 물엿) 1과 1/2큰술 = 꿀 3/4큰술

설탕을 기준으로 했을 때 조청은 당도가 같고,
올리고당이나 물엿은 당도가 낮다. 단, 가루와 액체에 따라
완성 요리의 농도와 윤기가 달라질 수 있으니 이를 고려한다.

요리술

청주 1큰술 = 소주 1큰술 = 화이트와인 1큰술
맛술 1큰술 = 청주 1큰술 + 설탕 1작은술

동양 요리에는 청주와 소주를, 서양 요리에는 화이트와인을
주로 사용한다. 맛술은 단맛이 있는 조미술이므로 청주로 대체시
설탕을 더한다. 단, 청주의 대체로 맛술을 사용할 순 없다.

● 레시피 분량 조절법

이 책에서는 대부분 2~3인분 기준으로 소개
레시피 양을 늘릴 때는 간 조절이 가장 중요하다.
볶음, 조림, 무침 등은 양념에, 국물 요리는 물의 양에 신경쓴다.
이때, 상태를 확인하면서 조절하도록 하자.

양념

분량이 늘어나도 볼이나 팬 등 조리도구에 묻는 양념의 양은 비슷해
2배로 늘리면 짜다. 그러니 100% 늘리지 말고 90% 정도만 늘린다.

물

분량이 늘어나도 끓을 때 증발량은 비슷해 물의 양을 단순히 2배로 늘리면
싱거워진다. 그러니 100% 늘리지 말고 90% 정도만 늘린다.

분량을 늘린 후 싱겁다면

마지막에 남은 양념을 넣어 부족한 간을 더한다.

대표 해산물 손질법

굴

1 굴은 체에 밭쳐 물(4컵) + 소금(1큰술)에 넣어 살살 흔들어 씻는다.

2 그대로 물기를 뺀다.

바지락

1 볼에 바지락, 잠길 만큼의 물을 넣고 바락바락 문질러 씻은 후 흐르는 물에서 깨끗이 헹군다.

2 체에 밭쳐 물기를 뺀다.
＊ 해감하지 않은 바지락이라면 물(2~3컵) + 소금 (2큰술)이 담긴 볼에 계량스푼과 함께 넣고 검은 봉지를 씌워 냉장실에서 6시간 정도 해감 시킨 후 손질한다.

꼬막

1 볼에 꼬막, 잠길 만큼의 물을 넣고 바락바락 문질러 씻은 후 흐르는 물에서 깨끗이 헹군다.

2 냄비에 넉넉하게 물을 붓고 끓어오르면 꼬막, 청주(약간)를 넣는다. 물이 끓어오르면 한쪽으로 저어가며 꼬막의 입이 벌어질 때까지 2~4분간 삶는다.

3 체에 밭쳐 물기를 없앤다. 입이 벌어진 꼬막은 살만 발라낸다.
＊ 입이 벌어지지 않은 꼬막은 입의 반대쪽에 숟가락을 일(一) 자로 끼운 후 90°로 돌려 벌린다.

홍합

1 홍합끼리 비벼가며 껍질 쪽의 불순물을 없앤다.

2 홍합이 물고 있는 긴 수염이 있다면 힘주어 당겨 뜯어낸다.

전복

1 솔로 전복을 구석구석 깨끗하게 닦는다.

2 껍데기와 살 사이에 숟가락(또는 작은 칼)을 집어 넣고 힘주어 분리한다.

3 내장을 잘라내고, 입 부분에 1cm 정도 도려낸다.

입 부분
내장

4 도려낸 입쪽을 꾹 눌러 숨어 있던 이빨을 없앤다.

새우

1 긴 수염, 뾰족한 입을 가위로 자른다.

2 머리 위의 뾰족하고 딱딱한 것을 자른다. 껍데기를 그대로 요리에 활용할 경우 과정 ②까지만 진행한다.

3 머리를 분리한다.

4 다리쪽에 손을 넣어 껍데기를 벗긴다. 이때, 머리 쪽부터 벗기면 훨씬 수월하다.

5 꼬리 부분도 떼어낸다. 새우살만 요리에 활용할 경우 여기까지 손질한다.

1 낙지 머리의 한쪽을 가위로 가른다.

2 가른 부분을 벌린다.

3 머리 안쪽에 있는 내장을 없앤다.

4 다리 부분을 뒤집어서 가운데에 있는 입을 손가락으로 꾹 눌러 없앤다.

5 눈을 가위로 도려낸다.

6 볼에 낙지, 밀가루를 넣고 바락바락 문질러 씻은 후 흐르는 물에서 헹군다. 깨끗한 물이 나올 때까지 2~3회 반복한다.

주꾸미

1 주꾸미 머리의 한쪽을 가위로 가른다.

2 가른 부분을 벌린다.

3 머리 안쪽에 있는 내장을 없앤다.

4 다리 부분을 뒤집어서 가운데에 있는 입을 손가락으로 꾹 눌러 없앤다.

5 눈을 가위로 도려낸다.

6 볼에 주꾸미, 밀가루를 넣고 바락바락 문질러 씻은 후 흐르는 물에서 헹군다. 깨끗한 물이 나올 때까지 2~3회 반복한다.

오징어

● 몸통을 가르지 않고 손질하기

1 오징어의 몸통 속에 손을 넣어 내장과 몸통을 분리한다.

2 힘주어 내장을 떼어낸다.
* 안쪽에 흰색의 두꺼운 심지도 함께 떼어낸다.

● 몸통을 갈라서 손질하기

1 오징어 몸통의 한쪽을 가위로 가른다.

2 몸통 속의 내장을 떼어낸다.

3 몸통 가운에 흰색의 두꺼운 심지를 떼어낸다.

● 공통 손질법

1 내장과 다리를 가위로 분리해 내장은 버린다.

2 다리 부분을 뒤집어서 가운데에 있는 입을 손가락으로 꾹 눌러 없앤다.

3 다리 위쪽에 붙은 눈을 가위로 도려낸다.

4 볼에 잠길 만큼의 물, 오징어 다리를 넣고 손가락으로 수차례 훑어가며 발판을 떼어내며 씻는다.

자주 접하는
재료를 더한

일상 반찬

가장 자주 접하는 채소, 버섯, 두부, 어묵 등을 활용했어요.
다채롭게 조합한 일상 반찬을 만나보세요.

채소 + 채소 반찬
8가지 레시피

숙주 미나리 김무침
살짝 데친 숙주, 미나리에
고소한 김을 더한 무침 반찬

··· 15쪽

시금치 당근무침
시금치의 감칠맛에 당근의
부드러운 단맛, 그리고 고소한
양념을 더한 무침 반찬

··· 15쪽

브로콜리 파프리카 깨무침
가볍게 익힌 브로콜리, 달달한
파프리카에 고소한 양념을
더한 무침 반찬

··· 18쪽

가지 양파 초무침
볶아서 꼬들꼬들한 식감의
가지에 달큼한 양파를 더한
무침 반찬

··· 19쪽

양배추 오이겉절이
아삭아삭, 시원한 여름채소인
오이, 양배추를 살짝 절인 후
매콤한 양념에 버무린 겉절이

··· 20쪽

콩나물 부추냉채
콩나물과 부추의 아삭한 식감과
연겨자를 더해 톡쏘는 맛이
느껴지는 냉채

··· 21쪽

애호박 꽈리고추 명란볶음
부드러운 맛의 애호박에 매콤한
꽈리고추, 그리고 짭조름한
명란을 더한 볶음

··· 22쪽

된장 알배기배추 깻잎찜
알배기배추, 깻잎을 켜켜이
쌓은 후 구수한 된장 양념을
끼얹어 푹 익힌 찜

··· 23쪽

숙주 미나리 김무침 _레시피 16쪽

시금치 당근무침 _레시피 17쪽

숙주 미나리 김무침

⏱ **20~25분**
⌂ **2인분**
🅑 **냉장 5일**

- 숙주 4줌(200g)
- 미나리 1/3줌(또는 참나물, 약 25g)
- 김밥 김 4장(또는 마른 김, A4 크기)

양념
- 다진 파 1큰술
- 통깨 1작은술
- 다진 마늘 1/2작은술
- 양조간장 4작은술
- 올리고당 1작은술
- 참기름 1작은술

응용법

- 김밥 김을 조미 김으로 대체해도 좋아요. 이때, 김을 굽는 과정을 생략하고 조미 김의 염도에 따라 양념의 양조간장 양을 가감하세요.
- 식초 2작은술을 더해서 새콤하게 즐겨도 좋아요.

1 숙주는 체에 밭쳐 흐르는 물에 씻어 물기를 뺀다.

2 미나리는 시든 잎을 떼어내고 5cm 길이로 썬다.

3 냄비에 숙주와 물(1/2컵)을 넣고 뚜껑을 덮어 센 불에서 30초, 중간 불로 줄여 2분간 익힌다.

4 뚜껑을 열어 숙주를 위아래로 섞은 후 미나리를 넣고 다시 뚜껑을 덮어 중간 불에서 1분간 익힌다.

5 체에 밭쳐 물기를 빼고 그대로 한 김 식힌다.

6 달군 팬에 2장의 김을 겹쳐 올려 중약 불에서 앞뒤로 각각 15~20초씩 굽는다. 같은 방법으로 나머지 김을 굽는다.

7 위생팩에 넣고 잘게 부순다.

8 큰 볼에 양념 재료를 넣고 섞은 후 숙주, 미나리, 김을 넣고 무친다.

시금치 당근무침

- ⏱ 15~20분
- ⌂ 2~3인분
- 🅐 냉장 7일

- 시금치 4줌(200g)
- 당근 1/2개(100g)

양념
- 땅콩버터 2큰술
- 마요네즈 3큰술
- 생수 1큰술
- 양조간장 1작은술
- 다진 마늘 1작은술
- 다진 파 1작은술

응용법

- 땅콩버터 대신 잘게 다진 땅콩 3큰술을 섞어도 좋아요. 이때, 부족한 간은 마지막에 소금으로 더하세요.
- 시금치는 동량(200g)의 참나물로 대체해도 좋아요.

1
당근은 가늘게 채 썬다.
시금치 데칠 물(5컵) +
소금(1큰술)을 끓인다.

2
볼에 시금치, 넉넉한 물을 넣고
흔들어 씻는다.

3
뿌리와 줄기 사이에 묻은 흙을
칼로 살살 긁어 손질한다.

4
포기가 크거나 뿌리가 굵은 건
밑동을 잘라내거나, 열십(+) 자로
칼집을 넣어 4등분한다.

5
끓는 물(5컵)+ 소금(1큰술)에
시금치를 넣고 30초간 데친다.
체로 건져 찬물에 여러 번
헹군 후 물기를 꼭 짠다.
이때, 물은 계속 끓인다.

6
시금치는 덩어리째
열십(+) 자로 썬다.

7
⑤의 끓는 물에 당근을 넣고
1분간 데친 후
찬물에 헹궈 물기를 짠다.

8
큰 볼에 양념 재료를 넣어 섞은 후
시금치, 당근을 넣어 무친다.

🕐 **10~15분**
🍚 **2~3인분**
📦 **냉장 3일**

- 브로콜리 1/2개(150g)
- 파프리카 1개(200g)

양념
- 곱게 간 통깨 6큰술
- 설탕 1큰술
- 고추장 2큰술
- 마요네즈 1큰술
- 매실청 1큰술
- 다진 마늘 1작은술

응용법
- 통깨 대신 동량(6큰술)의 다진 견과류를 더하면 더 고소하게 즐길 수 있어요.
- 양념에 식초 1~2큰술을 더하면 새콤하게 즐길 수 있어요.

브로콜리 파프리카 깨무침

1
브로콜리는 한입 크기로 썬다.
브로콜리 데칠 물(4컵) +
소금(1작은술)을 끓인다.

2
파프리카는 한입 크기로 썬다.

3
끓는 물(4컵) + 소금(1작은술)에
브로콜리를 넣고 중간 불에서
1분간 데친다. 체에 밭쳐 찬물에
헹군 후 손으로 물기를 꼭 짠다.

4
큰 볼에 양념 재료를 섞은 후
브로콜리, 파프리카를 넣어 무친다.
* 먹기 직전에 무쳐야
완성 후 물기가 덜 생긴다.

⏱ 10~15분
🍽 2~3인분
🧊 냉장 5일

- 가지 2개(300g)
- 양파 1/2개(100g)
- 대파 10cm

양념
- 설탕 1작은술
- 양조간장 1큰술
- 참기름 1큰술
- 통깨 1작은술
- 다진 마늘 1/2작은술
- 식초 2작은술

응용법

냉국으로 즐겨도 좋아요.
생수 2컵(400㎖) +
설탕 2큰술 + 식초 1과
1/2큰술(기호에 따라 가감) +
소금 2작은술과 더하면 돼요.

가지 양파 초무침

1

가지는 길이로 2등분한 후
0.5cm 두께로 어슷 썬다.
＊가지의 두께를 최대한 일정하게
썰어야 과정 ③에서
익는 시간이 균일해진다.

2

양파는 0.5cm 두께로 채 썰고,
대파는 송송 썬다.
큰 볼에 양념 재료를 섞는다.

3

달군 팬에 기름을 두르지 않은 채
가지를 넣고 센 불에서 3~5분간
수분을 날리듯이 볶는다.
＊팬의 크기에 따라 나눠 볶아도
좋다.

4

②의 양념에 가지, 양파, 대파를
넣어 살살 무친다.

- 🕐 **15~20분(+ 절이기 20분)**
- △ **2~3인분**
- 🔲 **냉장 7일**

- 양배추 6장(손바닥 크기, 180g)
- 오이 1개(200g)

절임 양념
- 소금 1큰술
- 물 1/2컵(100㎖)

양념
- 고춧가루 3큰술
- 설탕 1과 1/2큰술
- 통깨 1/2큰술
- 다진 마늘 1/2큰술
- 식초 1과 1/2큰술
- 액젓(멸치 또는 까나리) 1큰술
- 참기름 1작은술

응용법
양배추는 동량(180g)의
파프리카로 대체해도 좋아요.

양배추 오이겉절이

1
오이는 겉면을 소금(1큰술)으로
비벼가며 씻은 후 흐르는 물에
헹군다. 칼로 튀어나온 돌기를
제거한다.

2
오이는 길이로 2등분한 후
0.5cm 두께로 어슷 썬다.
양배추는 한입 크기로 썬다.

3
큰 볼에 양배추, 오이, 절임 양념
재료를 넣고 버무려 20분간 둔다.
체에 밭쳐 찬물에 헹궈 그대로
물기를 뺀다. *절이는 동안
1~2회 위아래로 섞어주면
더 골고루 절여진다.

4
큰 볼에 양념 재료를 넣어 섞은 후
양배추, 오이를 넣고 손으로
문지르듯이 잘 버무린다.

🕐 15~20분
🍽 2~3인분
🔚 냉장 3일

- 콩나물 2줌(100g)
- 부추 1/2줌(또는 쪽파, 25g)
- 양파 1/4개(50g)

양념
- 통깨 1작은술
- 다진 마늘 1작은술
- 양조간장 2작은술
- 연겨자 1~2작은술(기호에 따라 가감)
- 올리고당 2작은술
- 참기름 1작은술
- 소금 약간

응용법

양념에 고춧가루 2작은술,
식초 2작은술(기호에 따라 가감)을
넣어 매콤새콤하게 즐겨도 좋아요.

콩나물 부추냉채

1

콩나물은 체에 밭쳐 흐르는 물에
씻은 후 그대로 물기를 뺀다.
부추는 4cm 길이로 썰고,
양파는 0.3cm 두께로 채 썬다.

2

양파는 찬물에 10분간 담가
매운맛을 없앤 다음
체에 밭쳐 물기를 뺀다.

3

냄비에 콩나물, 물(1/2컵)을 넣고
뚜껑을 덮어 센 불에서 30초,
중간 불로 줄여 5분간 익힌다.
체에 밭쳐 물기를 뺀 후
그릇에 펼쳐 완전히 식힌다.
＊익히는 동안 뚜껑을 계속 덮어야
콩나물 특유의 비린내가 나지 않는다.

4

큰 볼에 양념 재료를 넣고 섞은 후
부추, 양파를 넣어 살살 무친다.
콩나물을 넣어 살살 무친다.

15~20분
2~3인분
냉장 5일

- 애호박 1개(270g)
- 2등분한 꽈리고추 20개(120g)
- 명란젓 2~3개(60g, 염도에 따라 가감)
- 채 썬 대파 10cm 분량
- 다진 마늘 1작은술
- 청주(또는 소주) 1작은술
- 식용유 1큰술
- 들기름 1큰술

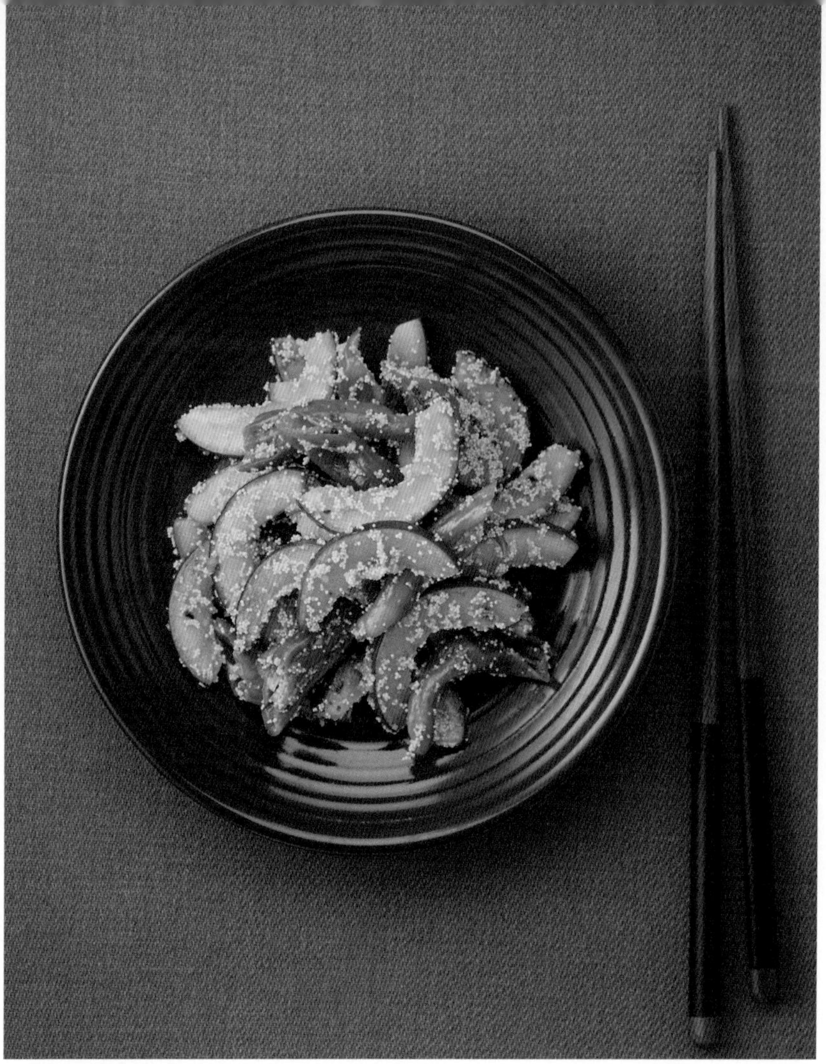

응용법

파스타로 즐겨도 좋아요. 스파게티 1줌(70g)을 포장지에 적힌 시간대로 삶은 후 애호박 꽈리고추 명란볶음 1/2분량 + 면 삶은 물 4큰술 + 올리브유 2큰술과 팬에서 살짝 볶으면 돼요.

애호박 꽈리고추 명란볶음

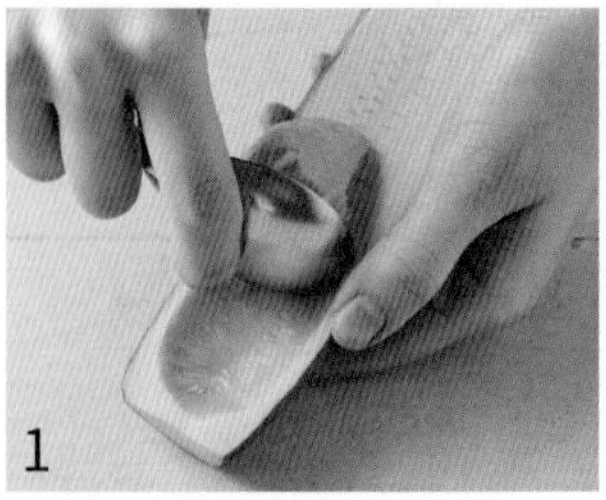

1

애호박은 길이로 2등분한 후 숟가락으로 씨를 긁어낸 다음 0.5cm 두께로 썬다. 볼에 소금(약간)과 함께 넣고 버무려 10분간 절인 후 찬물에 헹궈 물기를 꼭 짠다.

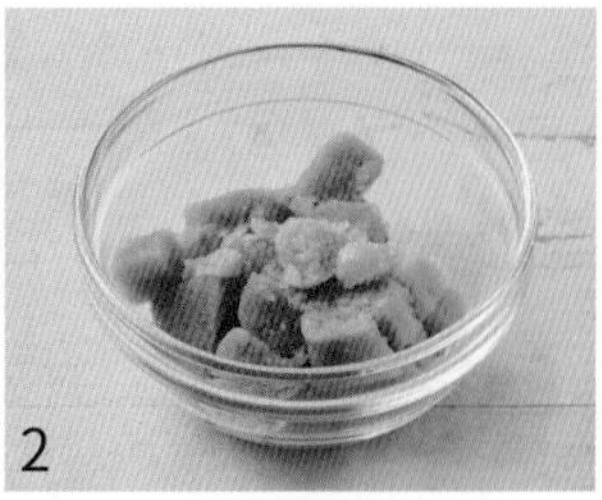

2

명란젓은 양념을 씻은 후 길이로 반으로 자른 다음 1cm 크기로 썬다.

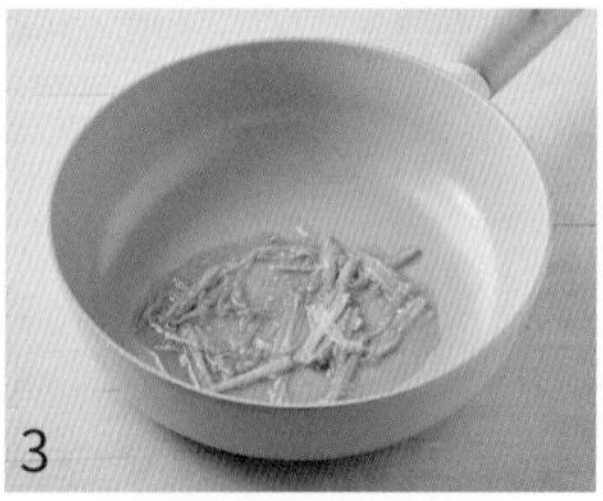

3

달군 팬에 식용유, 들기름을 두르고 대파, 다진 마늘을 넣어 약한 불에서 1분간 볶는다.

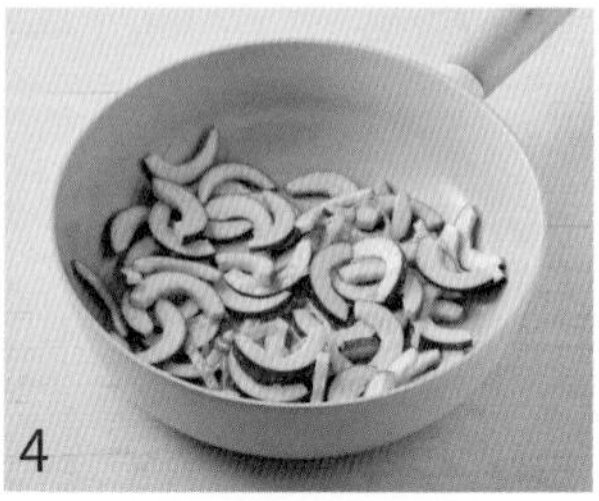

4

애호박을 넣고 중간 불로 올려 3~4분, 꽈리고추, 명란젓, 청주를 넣고 1분간 볶는다. * 애호박은 원하는 식감에 따라 익히는 시간을 조절해도 좋다.

⏱ 25~30분
⌓ 2~3인분
🗓 냉장 3일

- 알배기배추 7장(손바닥 크기,
  또는 배추 잎 4장, 210g)
- 깻잎 10장
- 대파 10cm
- 청양고추 1개(또는 다른 고추, 생략 가능)
- 국물용 멸치 15마리(15g)
- 다시마 5×5cm 2장

양념
- 된장 1과 1/2큰술
  (염도에 따라 가감)
- 다진 마늘 1작은술
- 국간장 1작은술
- 들기름 1작은술
- 물 1/2컵(100㎖)

응용법

샤부샤부용 고기 100g을
과정 ②에서 깻잎 위에 1장씩 올려
함께 익혀도 좋아요.

된장 알배기배추 깻잎찜

1
작은 볼에 양념 재료를 넣고
섞는다. 대파, 청양고추는
어슷 썰고, 깻잎은
길이로 2등분한다.

2
알배기배추 → 깻잎 → 알배기배추
순으로 켜켜이 포갠다. 이때,
알배기배추는 잎과 줄기를 양쪽으로
번갈아 올린다.

3
냄비에 멸치, 다시마를 넣는다.
②를 올린 후 대파, 청양고추를
더하고 양념을 골고루 끼얹는다.

4
뚜껑을 덮고 센 불에서 끓어오르면
중약 불로 줄여 15분간 익힌다.
이때, 눌어붙지 않도록 중간중간
냄비를 살짝 흔들어준다.
불을 끄고 그대로 2분간 뜸을 들인다.

채소 + 버섯 반찬
8가지 레시피

채소 버섯두루치기
더하는 버섯의 종류에 따라
향과 맛, 식감이 다양해지는
채소 버섯두루치기

뿌리채소 버섯조림
우엉, 연근, 당근 등 다양한
뿌리채소와 버섯을 간장에
슴슴하게 조린 반찬

부추 버섯무침
부드러운 애느타리버섯을
들기름에 익힌 후 영양부추와
가볍게 무친 반찬

들깨 버섯 무나물
무, 느타리버섯을 푹 익혀
촉촉하게 한 후 들깻가루로
고소함을 더한 나물 반찬

콩나물 표고버섯볶음
살짝 볶은 표고버섯에
콩나물, 고춧가루 양념을 더해
호다닥 볶은 반찬

애호박 버섯구이
버섯, 애호박을 노릇하게
구운 후 짭조름한 양념에
살살 버무린 반찬

떡볶이 떡 곁들이기 응용

채소 버섯두루치기 _레시피 26쪽

떡볶이 떡 곁들이기 응용

뿌리채소 버섯조림 _레시피 27쪽

채소 버섯두루치기

🕐 **15~20분**
🍴 **2~3인분**
🔒 **냉장 7일**

- 모둠 버섯 400g
  (표고버섯, 애느타리버섯 등)
- 깻잎 5장
- 대파 20cm
- 식용유 2큰술
- 들기름 2큰술(또는 참기름)

양념
- 고춧가루 2큰술
- 설탕 1과 1/2큰술
- 다진 마늘 1큰술
- 양조간장 1큰술
- 고추장 1큰술
- 후춧가루 1/4작은술

응용법
떡볶이 떡 1컵(150g)을 물에 데쳐
말랑하게 만든 후 과정 ⑥에서
양념과 함께 넣어도 좋아요.

1 작은 볼에 양념 재료를 넣고
섞는다.

2 모둠 버섯은 한입 크기로 썰거나
가닥가닥 뜯는다.

3 깻잎은 길이로 2등분한 후
1cm 두께로 채 썰고,
대파는 5cm 길이로 썰어 채 썬다.

4 깊은 팬을 달궈 식용유, 들기름을
두르고 대파를 넣어
약한 불에서 1분간 볶는다.

5 버섯을 넣고 센 불로 올려
2분간 볶는다.

6 양념을 넣고 약한 불로 줄여
2분간 볶는다.

7 불을 끄고 깻잎을 넣어 섞는다.

뿌리채소 버섯조림

- ⏱ **30~35분**
- ⌂ **2~3인분**
- 🄱 **냉장 3~4일**

- 우엉 지름 2cm, 길이 20cm 1개(50g)
- 연근 지름 5cm, 길이 6cm 1개(100g)
- 당근 1/5개(또는 감자, 40g)
- 새송이버섯 1개
  (또는 다른 버섯, 80g)
- 대파 20cm
- 식용유 1큰술
- 다시마 5×5cm 2장
- 물 1과 3/4컵(350mℓ)
- 통깨 1큰술
- 올리고당 1/2큰술
  (기호에 따라 가감 또는 생략)
- 참기름 1작은술

양념
- 양조간장 2큰술
- 맛술 1큰술
- 올리고당 1/2큰술
- 물 1/4컵(50mℓ)

응용법

우엉이나 연근 중 한 종류의
뿌리채소만 사용해도 좋아요.
이때, 총량이 150g이 되도록 맞춰서
사용하세요.

1
우엉은 필러로 껍질을 벗겨
4cm 길이로 썬 후
0.5cm 두께로 편 썬다.

2
연근은 필러로 껍질을 벗겨
길이로 2등분한 후
0.5cm 두께로 썬다.

3
볼에 우엉과 연근, 물(4컵) +
식초(1큰술)를 담고 10분간 둔다.
체에 밭쳐 흐르는 물에 헹군 후
물기를 뺀다. ＊ 우엉, 연근을 식초 물에
담가두면 떫은맛이 없어지고,
색이 변하는 것을 막을 수 있다.

4
새송이버섯은 길이로 2등분한 후
1cm 두께로 썰고, 당근은
열십(+) 자로 4등분한 다음
0.5cm 두께로 썬다.

5
대파는 4cm 길이로 썬다.
작은 볼에 양념 재료를 넣어 섞는다.
＊대파가 두꺼우면 길이로
2등분해도 좋다.

6
달군 냄비에 식용유, 대파를 넣어
중약 불에서 1분간 볶는다.
우엉, 연근, 다시마,
물 1과 3/4컵(350mℓ)을 넣고
센 불에서 끓어오르면 중약 불로 줄여
15분간 끓인다.

7
당근, 새송이버섯, ⑤의 양념을
넣고 중약 불에서 15~20분간
국물이 1큰술 정도 남을 때까지
저어가며 조린다. ＊ 살살 저어야
재료가 부서지지 않는다.

8
다시마를 건진 후 불을 끈 다음
통깨, 올리고당, 참기름을 넣어 섞는다.

🕐 **10~15분**
🍚 **2~3인분**
📅 **냉장 7일**

- 애느타리버섯 100g
- 영양부추 1줌(25g)
- 다진 마늘 1작은술
- 식용유 1큰술
- 들기름 1작은술(또는 참기름)

양념
- 설탕 1작은술
- 양조간장 1과 1/2작은술
- 매실청 1작은술
- 통깨 1작은술
- 통후추 간 것 약간(생략 가능)

응용법

애느타리버섯는 동량(100g)의
다른 버섯으로 대체해도 좋아요.

부추 버섯무침

1

애느타리버섯은 가닥가닥 뜯는다.
영양부추는 5cm 길이로 썬다.

2

큰 볼에 양념 재료를 넣어 섞는다.

3

달군 팬에 식용유, 들기름을
두른 후 다진 마늘을 넣어
약한 불에서 30초, 버섯을 넣어
중간 불에서 3분간 볶는다.

4

②의 양념에 볶은 버섯, 영양부추를 넣어
골고루 버무린다.

- 25~30분
- 2~3인분
- 냉장 5일

- 무 지름 10cm, 두께 2cm(200g)
- 느타리버섯 4줌(또는 다른 버섯, 200g)
- 다시마 5×5cm 2장
- 물 1컵(200㎖)
- 다진 파 1큰술
- 다진 마늘 1/2큰술
- 국간장 1큰술
- 들깻가루 3큰술
- 소금 약간

응용법

따뜻한 밥에 들깨 버섯 무나물
적당량 + 고추장 1큰술 +
참기름 1작은술 + 달걀프라이
1개를 곁들여 비빔밥으로 즐겨도
좋아요.

들깨 버섯 무나물

1	**2**	**3**	**4**
무는 0.5cm 두께로 채 썰고, 느타리버섯은 가닥가닥 뜯는다.	팬에 무, 다시마, 물 1컵(200㎖)을 넣고 뚜껑을 덮어 중간 불에서 5분간 익힌 다음 다시마를 건져낸다.	느타리버섯, 다진 파, 다진 마늘, 국간장을 넣고 섞은 후 뚜껑을 연 채로 중간 불에서 국물이 거의 없어질 때까지 10~12분간 저어가며 볶는다.	들깻가루를 넣고 섞는다. 소금으로 부족한 간을 더한다.

🕐 15~20분
◠ 2~3인분
🔲 냉장 5일

- 콩나물 4줌(200g)
- 표고버섯 5개(또는 다른 버섯, 125g)
- 대파 10cm
- 다진 마늘 1작은술
- 식용유 1큰술
- 들기름 1큰술(또는 참기름)
- 소금 약간

양념
- 설탕 2작은술
- 고춧가루 2작은술
- 물 1큰술
- 양조간장 1큰술
- 통깨 1작은술

응용법

달군 팬에 밥, 다진 콩나물
표고버섯볶음 적당량 + 들기름
약간 + 김가루 약간을 볶아
볶음밥으로 즐겨도 좋아요.

콩나물 표고버섯볶음

1
콩나물은 체에 밭쳐 흐르는 물에
씻은 후 그대로 물기를 뺀다.
작은 볼에 양념 재료를 넣어 섞는다.

2
표고버섯은 0.5cm 두께로 썬다.
대파는 5cm 길이로 썰어 채 썬다.

3
달군 팬에 식용유, 들기름을 두르고
대파, 다진 마늘을 넣어
약한 불에서 1분, 표고버섯을 넣고
중간 불로 올려 1분간 볶는다.

4
콩나물을 넣고 센 불에서
1분간 그대로 익힌다. 양념을 넣고
중간 불로 줄여 3분~3분 30초간
위아래로 잘 섞이게 저어가며 볶는다.
소금으로 부족한 간을 더한다.

🕐 20~25분
⌂ 2~3인분
🔲 냉장 7일

- 새송이버섯 2개
  (또는 다른 버섯, 160g)
- 애호박 1개(270g)
- 식용유 1큰술 + 1큰술

양념
- 다진 마늘 1/2큰술
- 양조간장 1과 1/2큰술
- 통깨 1작은술
- 고춧가루 1작은술(생략 가능)
- 설탕 1/3작은술
- 참기름 1작은술

응용법

따뜻한 밥에 애호박 버섯구이
적당량 + 참기름 약간을 곁들여
비빔밥으로 즐겨도 좋아요.

애호박 버섯구이

1

새송이버섯, 애호박은
모양대로 0.5cm 두께로 썬다.
큰 볼에 양념 재료를 섞는다.

2

달군 팬에 식용유 1큰술을 두르고
애호박을 넣어 중간 불에서
뒤집어가며 3~4분간 구운 후
덜어둔다. ＊ 팬의 크기에 따라
나눠 구워도 좋다.

3

팬에 식용유 1큰술을 두르고 버섯을
올려 중간 불에서 뒤집어가며
3~4분간 굽는다. ＊ 팬의 크기에 따라
나눠 구워도 좋다.

4

①의 양념이 담긴 볼에 모든 재료를
넣고 버무린다.

채소 + 해산물 반찬
8가지 레시피

애호박 새우지짐이
탱글한 새우와 달콤한 애호박을
된장 양념에 푹 익힌 지짐이

··· 33쪽

배추 굴볶음
굴, 배추가 가진 고유의
감칠맛 덕분에 일품 중식이
생각나는 볶음

··· 33쪽

양배추 전복볶음
전복, 양배추, 피망을
고추기름에 볶아 칼칼함이
살아 있는 반찬

··· 36쪽

숙주 오징어볶음
숙주를 센 불에서 빠르게
익힌 후 매콤한 오징어볶음과
함께 먹는 스타일

··· 37쪽

미나리 꼬막무침
탱글하게 익힌 꼬막에
향긋한 미나리를 더해 매콤하게
무친 반찬

··· 38쪽

쪽파 황태무침
물에 불려 촉촉한 황태와
특유의 향이 좋은 쪽파를
간장 양념에 무친 반찬

··· 39쪽

부추 오징어 초무침
오징어를 부드럽게 익힌 후
부추, 양파와 함께 매콤새콤하게
무친 반찬

··· 40쪽

오이고추 바지락무침
질기지 않게 익혀
달달한 바지락살, 아삭한
오이고추를 된장 양념에
무친 반찬

··· 41쪽

배추 굴볶음 _레시피 35쪽

애호박 새우지짐이 _레시피 34쪽

애호박 새우지짐이

⏱ **15~20분**
  **(+ 새우, 애호박 밑간하고
  절이기 10분)**
🍲 **2~3인분**
🧊 **냉장 5일**

- 생새우살 10마리(100g)
- 애호박 1개(270g)
- 된장 1큰술(염도에 따라 가감)
- 다진 마늘 2작은술
- 물 5큰술(75㎖)
- 식용유 1큰술

밑간
- 청주(또는 소주) 1작은술
- 양조간장 1/2작은술

응용법

송송 썬 청양고추 1개를
마지막에 넣고 익혀
매콤하게 즐겨도 좋아요.

1 생새우살은 밑간 재료와 함께 넣고 버무려 10분간 둔다.

2 애호박은 길이로 4등분한 후 1cm 두께로 썬다. 볼에 소금(1/2작은술)과 함께 넣고 버무려 10분간 둔다.

3 애호박을 체에 밭쳐 흐르는 물에 씻은 후 그대로 물기를 뺀다. 키친타월로 감싸 물기를 완전히 없앤다.

4 작은 볼에 된장, 물 5큰술(75㎖)을 넣고 섞는다.

5 깊은 팬을 달궈 식용유를 두르고 애호박, 다진 마늘을 넣어 센 불에서 1분간 볶는다.

6 ④의 된장물을 넣고 끓어오르면 중약 불로 줄여 뚜껑을 덮고 3분간 익힌다.

7 생새우살을 넣고 3분간 저어가며 끓인다.

배추 굴볶음

- ⏱ 15~20분
- ⌒ 2~3인분
- 🔃 냉장 1일

- 굴 1컵(200g)
- 알배기배추 5장(손바닥 크기, 또는 배추 잎 3장, 150g)
- 대파 15cm
- 마늘 4쪽(20g)
- 청양고추 1개 (또는 다른 고추, 생략 가능)
- 식용유 2큰술
- 소금 약간

양념
- 맛술 1큰술
- 양조간장 1큰술
- 설탕 1작은술
- 후춧가루 약간

응용법

따뜻한 밥에 배추 굴볶음 적당량 + 참기름 약간을 곁들여 덮밥으로 즐겨도 좋아요.

1
알배기배추는 한입 크기로 썬다. 줄기 부분은 소금(1작은술)과 함께 볼에 담아 10분간 절인 후 물기를 짠다. ＊절이는 동안 1~2회 위아래로 뒤집어주면 더 잘 절여진다.

2
대파는 3cm 길이로 썬 후 길이로 2등분한다. 마늘은 얇게 편 썰고, 청양고추는 어슷 썬다.

3
작은 볼에 양념 재료를 넣어 섞는다.

4
굴은 체에 밭쳐 물(4컵) + 소금(1큰술)에 넣어 살살 흔들어 씻은 후 그대로 물기를 뺀다.

5
깊은 팬을 달궈 기름을 두르지 않은 채 굴을 넣고 센 불에서 1분 30초간 볶는다.

6
볶은 굴은 체에 밭쳐 물기를 없앤다. ＊굴을 먼저 익혀 수분을 제거해야 요리를 완성했을 때 물이 많이 생기지 않는다.

7
팬을 키친타월로 닦고 다시 달궈 식용유를 두르고 대파, 마늘, 청양고추를 넣어 약한 불에서 2분, ①의 배추 줄기 부분을 넣고 1분간 볶는다.

8
굴, 배추 잎 부분을 넣어 센 불로 올려 1분, 양념을 넣어 30초간 볶는다. 소금으로 부족한 간을 더한다.

🕐 **15~20분** 🍽 **2~3인분** ❄ **냉장 1일**

- 전복 2개(손질 후 60g)
- 양배추 4장(손바닥 크기, 120g)
- 피망 1/2개(또는 양파, 파프리카, 50g)
- 대파 15cm
- 청양고추 2개(기호에 따라 가감)
- 다진 마늘 1과 1/2큰술
- 고춧가루 1/2큰술
- 고추기름 1큰술(또는 식용유)
- 참기름 1작은술

양념
- 물 3큰술
- 맛술 1큰술
- 양조간장 1큰술
- 올리고당 1작은술

응용법

- 전복을 닭가슴살 1쪽(100g)으로 대체해도 좋아요. 길이로 2등분한 후 1cm 두께로 썬 다음 다른 과정은 동일하게 진행해요.
- 고추기름 대신 식용유를 더하고, 고춧가루를 생략하면 아이용으로 맵지 않게 만들 수 있어요.

양배추 전복볶음

1
전복은 손질한 후 모양대로 0.5cm 두께로 썬다. 양배추, 피망은 한입 크기로 썬다.
＊전복 손질하기 10쪽

2
대파는 5cm 길이로 썬 후 채 썰고, 청양고추는 어슷 썬다.
작은 볼에 양념 재료를 넣어 섞는다.

3
달군 팬에 고추기름을 두르고 대파, 청양고추, 다진 마늘, 고춧가루를 넣어 약한 불에서 1분간 볶는다.

4
전복, 양배추, 피망, 양념을 넣고 2분간 볶은 후 참기름을 섞는다.

🕐 15~20분
△ 2~3인분
🔖 냉장 1일

- 오징어 2마리(540g, 손질 후 360g)
- 숙주 5줌(250g)
- 대파 20cm
- 청양고추 1개
- 소금 1/4작은술
- 식용유 1큰술 + 1큰술

양념
- 고춧가루 2큰술
- 양조간장 1큰술
- 참기름 1큰술
- 올리고당 1큰술(기호에 따라 가감)
- 설탕 2작은술
- 다진 마늘 1작은술

응용법

숙주는 동량(250g)의 콩나물로
대체해도 좋아요. 이때,
과정 ③에서 센 불에서 1분간
둔 후 4분간 볶아서 더하세요.

숙주 오징어볶음

1

오징어는 손질한다.
몸통은 길이로 2등분한 후
1cm 두께로,
다리는 4~5cm 길이로 썬다.

＊오징어 몸통 갈라 손질하기 11쪽

2

대파는 5cm 길이로 썰어 채 썬다.
청양고추는 어슷 썬다.
볼에 양념 재료를 넣어 섞는다.

3

달군 팬에 식용유 1큰술을 두르고
숙주를 넣어 센 불에서 1분간
그대로 둔다. 소금을 넣고
1분간 재빠르게 볶아 덜어둔다.

4

팬을 다시 달궈 식용유 1큰술을 두르고
대파를 넣어 약한 불에서 1분,
오징어, 청양고추, 양념을 넣어
2~3분간 재빠르게 볶아
숙주에 올려 함께 곁들인다.

🕐 **20~25분**
🍽 **2~3인분**
🧊 **냉장 3일**

- 꼬막 800g
- 미나리 2줌(100g)

양념
- 다진 파 1큰술
- 양조간장 1큰술(기호에 따라 가감)
- 고추장 3큰술
- 고춧가루 1작은술
- 설탕 1작은술
- 통깨 1작은술
- 다진 마늘 1작은술
- 식초 2작은술
- 참기름 2작은술

응용법
- 깻잎 3장을 가늘게 채 썰어서 더해도 좋아요.
- 쫄면 1줌(100g)을 삶아 곁들여도 좋아요.

깻잎 더하기 응용

미나리 꼬막무침

1
볼에 꼬막, 잠길 만큼의 물을 넣고 바락바락 문질러 흐르는 물에서 깨끗이 헹군다.

2
냄비에 넉넉하게 물을 붓고 끓어오르면 꼬막, 청주(약간)를 넣는다. 물이 끓어오르면 한쪽으로 저어가며 꼬막의 입이 벌어질 때까지 2~4분간 삶는다.

3
체에 밭쳐 물기를 없앤다. 입이 벌어진 꼬막은 살만 발라낸다.
＊입이 벌어지지 않은 꼬막은 입의 반대쪽에 숟가락을 일(ー) 자로 끼운 후 90°로 돌려 벌린다.

4
미나리는 5cm 길이로 썬다. 큰 볼에 양념 재료를 넣고 섞은 다음 꼬막, 미나리를 넣어 무친다.

⏱ 15~25분
🍽 2~3인분
🧊 냉장 2주

- 황태채 2컵(또는 북어채, 약 40g)
- 쪽파 4줄기(약 30g)

양념
- 설탕 1큰술
- 양조간장 1과 1/2큰술
- 황태채 불린 물 1큰술
- 참기름 1큰술
- 다진 마늘 1작은술
- 청주 1작은술(또는 소주, 생략 가능)
- 통깨 약간

응용법

쪽파는 동량(30g)의
부추로 대체해도 좋아요.

쪽파 황태무침

1

황태채는 가위로 한입 크기로
자른다.

2

볼에 생수 1컵(200㎖), 황태채를
넣고 3분간 둔 후 손으로
물기를 꼭 짠다. 이때, 황태채
불린 물 1큰술은 양념에 더하도록
덜어둔다.

3

쪽파는 3cm 길이로 썬다.
* 두꺼운 부분은 길이로
2등분해도 좋다.

4

볼에 양념 재료를 넣고 섞는다.
②의 황태를 넣어 조물조물 무친 후
쪽파를 넣어 살살 무친다.
* 황태를 넣고 힘있게 무쳐야
골고루 간이 잘 밴다.

- 🕐 **20~30분**
- △ **3~4인분**
- 🔒 **냉장 3일**

- 오징어 1마리(270g, 손질 후 180g)
- 부추 1줌(또는 오이, 피망, 50g)
- 양파 1/4개(50g)

양념
- 설탕 1과 1/2큰술
- 식초 1과 1/2큰술
- 고추장 1과 1/2큰술
- 통깨 1작은술
- 고춧가루 1/2작은술
- 다진 마늘 1작은술

응용법
- 소면 1줌(70g)을 포장지에 적혀있는 시간대로 삶아 곁들여도 좋아요.
- 오징어를 냉동 생새우살 10마리 (킹사이즈, 200g)로 대체해도 좋아요. 해동한 후 끓는 물에 넣어 3분간 익히면 돼요.

소면 곁들이기 **응용**

부추 오징어 초무침

1
오징어는 손질한다.
몸통은 0.5cm 두께의
링 모양으로 썰고,
다리는 4cm 길이로 썬다.
*오징어 몸통 가르지 않고
손질하기 11쪽

2
끓는 물(1/2컵)에 오징어를 넣고
센 불에서 2분 30초간 익힌다.
체에 밭쳐 물기를 없앤 후
한 김 식힌다.

3
부추는 4cm 길이로 썰고,
양파는 가늘게 채 썬다.
양파는 찬물에 10분간 담가
매운맛을 없앤 후
체에 밭쳐 물기를 뺀다.

4
양념 재료를 섞은 후
모든 재료를 넣고 살살 무친다.
*살살 무쳐야 부추의 풋내가 나지 않고
무르지 않는다.

비빔밥으로 즐기기 응용

🕐 20~30분
△ 2~3인분
🔒 냉장 3일

- 오이고추 5개
  (또는 풋고추 10개, 150g)
- 바지락살 1봉
  (또는 다른 조갯살, 200g)
- 양파 1/4개(50g)

양념
- 된장 1큰술
  (염도에 따라 가감)
- 참기름 1큰술(또는 들기름)
- 통깨 1작은술
- 다진 마늘 1/2작은술
- 올리고당 1작은술
- 고추장 1작은술

응용법

따뜻한 밥에 오이고추 바지락무침
적당량 + 참기름 약간을 곁들여
비빔밥으로 즐겨도 좋아요.

오이고추 바지락무침

1
바지락살은 체에 밭쳐 흐르는 물에
씻은 후 그대로 물기를 뺀다.
바지락살 데칠 물(3컵) +
소금(1작은술)을 끓인다.

2
오이고추는 1cm 두께로 썬다.
양파는 한입 크기로 썰어 찬물에
10분간 담가 매운맛을 없앤 후
체에 밭쳐 물기를 뺀다.

3
①의 끓는 물에 바지락살,
청주(1큰술)를 넣고 다시
끓어오르면 30초~1분간 삶은 후
체에 밭쳐 한 김 식힌다.

4
볼에 양념 재료를 넣고 섞는다.
오이고추, 바지락살, 양파를 넣고
살살 버무린다.

채소 + 고기 반찬
8가지 레시피

깻잎 닭고기볶음
향이 좋은 깻잎, 부드러운
닭다리살을 짭조름한
간장 양념에 볶은 반찬

··→ 43쪽

아스파라거스 돼지고기볶음
아삭한 아스파라거스와
부드러운 돼지고기 목살을 함께
볶은 반찬

··→ 43쪽

버섯 닭안심볶음
향이 강하지 않아 모두가
좋아하는 애느티라버섯과
닭안심을 함께 볶은 반찬

··→ 46쪽

시금치 돼지고기볶음
무쳐만 먹던 시금치의 변신!
돼지고기와 함께 담백하게
볶은 반찬

··→ 47쪽

애호박 닭고기조림
애호박과 닭안심을
칼칼한 양념에 푹 익힌
조림 반찬

··→ 48쪽

가지 돼지고기볶음
다진 돼지고기와 가지를
가벼운 양념에 볶아
더 맛있는 볶음 반찬

··→ 49쪽

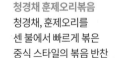

청경채 훈제오리볶음
청경채, 훈제오리를
센 불에서 빠르게 볶은
중식 스타일의 볶음 반찬

··→ 50쪽

브로콜리 쇠고기볶음
볶은 브로콜리가 가진
특유의 아삭함이 참 맛있는 반찬

··→ 51쪽

아스파라거스 돼지고기볶음 _레시피 45쪽

깻잎 닭고기볶음 _레시피 44쪽

43

깻잎 닭고기볶음

🕐 **30~40분**
⌂ **3인분**
🔂 **냉장 3일**

- 닭다리살 3쪽
  (또는 닭가슴살, 300g)
- 대파 30cm
- 깻잎 20장
- 식용유 1큰술 + 1큰술
- 설탕 1작은술

밑간
- 다진 마늘 1/2큰술
- 청주(또는 소주) 1큰술
- 소금 1/3작은술
- 후춧가루 약간

양념
- 설탕 1큰술
- 다진 마늘 1큰술
- 물 2큰술
- 양조간장 1과 1/2큰술
- 맛술 1큰술

> **응용법**
> 송송 썬 청양고추 2개를
> 과정 ⑥에서 양념과 함께 넣어
> 매콤하게 즐겨도 좋아요.

1
닭다리살은 길게 4등분한 후
볼에 밑간 재료와 함께 넣고
버무려 10분간 둔다.

2
대파는 2cm 길이로 썰고, 깻잎은
돌돌 말아 0.5cm 두께로 채 썬다.

3
작은 볼에 양념 재료를 섞는다.

4
깊은 팬을 달궈 식용유 1큰술을
두르고 대파, 설탕을 넣어
중약 불에서 5분간 그을리듯이
뒤집어가며 구운 후
그릇에 덜어둔다.

5
팬을 닦고 다시 달궈 식용유
1큰술을 두른 후 닭다리살을
넣어 중간 불에서 2분 30초간
뒤집어가며 굽는다.

6
양념을 넣어 센 불에서 3분 30초,
④의 대파를 넣고 1분간 볶는다.
그릇에 담고 깻잎을 올린다.
*닭다리살의 두께에 따라 익히는
시간을 가감하되, 레시피보다 시간을
늘릴 경우 중간 불로 줄인다.

아스파라거스 돼지고기볶음

- 🕐 25~30분
- 🍴 2~3인분
- 🧊 냉장 1일

- 돼지고기 목살 300g(구이용, 두께 0.5cm)
- 아스파라거스 10줄기(100g)
- 식용유 1큰술

양념
- 고춧가루 1큰술
- 맛술 2큰술
- 설탕 1과 1/2큰술
- 된장 1큰술(염도에 따라 가감)
- 다진 마늘 1작은술
- 다진 생강 1/2작은술(생략 가능)
- 양조간장 2작은술
- 참기름 1작은술

응용법

아스파라거스는 동량(100g)의 그린빈, 마늘종으로 대체해도 좋아요.

1

아스파라거스는 필러로 껍질을 벗긴다.

2

어슷하게 3등분한다.
＊많이 두꺼우면 길이로 2등분해도 좋다.

3

돼지고기는 한입 크기로 썬다. 큰 볼에 양념 재료를 섞는다. 양념 1큰술은 따로 덜어두고, 나머지 양념에 돼지고기를 넣어 버무린다.

4

덜어둔 양념 1큰술에 아스파라거스를 넣고 버무려 10분간 재운다.

5

센 불로 달군 팬에 식용유를 두르고 돼지고기를 넣어 중약 불로 줄여 4~5분간 볶아 완전히 익힌다.
＊고기의 두께에 따라 익히는 시간을 가감한다.

6

돼지고기를 팬 한쪽으로 밀어두고 아스파라거스를 넣어 1분간 볶은 후 돼지고기와 섞는다.

🕐 **20~30분**
◻ **2~3인분**
🔢 **냉장 3~4일**

- 닭안심 4쪽(또는 닭가슴살 1쪽, 100g)
- 애느타리버섯 1봉(또는 다른 버섯, 150g)
- 대파 10cm
- 식용유 1큰술
- 통깨 1큰술
- 참기름 1큰술
- 다진 마늘 1작은술

양념
- 양조간장 1큰술
- 설탕 1작은술
- 청주(또는 소주) 2작은술
- 후춧가루 약간

응용법

송송 썬 청양고추 1개를
과정 ③에서 닭안심과 함께 넣어
매콤하게 즐겨도 좋아요.

버섯 닭안심볶음

1
애느타리버섯은 가닥가닥 뜯는다.
대파는 5cm 길이로 썬 후 편 썰고,
닭안심은 길이로 2~3등분한다.

2
작은 볼에 양념 재료를 섞는다.
다른 큰 볼에 닭안심, 양념 1큰술을
넣고 버무려 10분간 둔다.

3
달군 팬에 식용유를 두르고
대파, 다진 마늘을 넣어
약한 불에서 1분, 닭안심을 넣어
중간 불로 올려 2분간 볶는다.

4
애느타리버섯, 남은 양념을 넣고
3분간 볶는다. 통깨, 참기름을 넣고
섞은 후 불을 끈다.

⏱ 20~30분
△ 2~3인분
🄑 냉장 1일

- 돼지고기 불고기용 200g
- 시금치 3줌(또는 양배추, 알배기배추, 청경채, 150g)
- 어슷 썬 대파 15cm 분량
- 들깻가루 2큰술
- 식용유 1큰술

양념
- 다진 마늘 1큰술
- 맛술 1큰술
- 양조간장 1큰술
- 올리고당 1과 1/2작은술 (기호에 따라 가감)

응용법

돼지고기 불고기용은 동량(200g)의 잡채용으로 대체해도 좋아요.

시금치 돼지고기볶음

1

손질한 시금치는 2~3등분한다. 돼지고기는 키친타월로 감싸 핏물을 없앤 후 한입 크기로 썬다.

＊시금치 손질하기 17쪽

2

작은 볼에 양념 재료를 넣어 섞는다. 다른 큰 볼에 돼지고기, 양념 2큰술을 넣고 버무려 10분간 둔다.

3

깊은 팬을 달궈 식용유를 두른 후 대파를 넣고 중간 불에서 30초, 돼지고기를 넣고 3분 30초간 볶아 완전히 익힌다. ＊고기의 두께에 따라 익히는 시간을 가감한다.

4

시금치, 남은 양념을 넣고 중약 불에 1분 30초~2분, 들깻가루를 넣고 1분간 볶는다.

47

🕐 **20~30분**
△ **2~3인분**
🗄 **냉장 3일**

- 애호박 1/2개(135g)
- 닭안심 4쪽(또는 닭가슴살 1쪽, 100g)
- 대파 10cm
- 청양고추 1개(생략 가능)

양념
- 고춧가루 1큰술
- 다진 마늘 1/2큰술
- 설탕 1/2큰술
- 새우젓 건더기 1작은술
- 양조간장 1작은술
- 물 3/4컵(150㎖)

밑간
- 소금 1/3작은술
- 청주(또는 소주) 2작은술

응용법

애호박을 감자 1개(200g)로
대체해도 좋아요.
이때, 양념의 물을 양을
1과 1/2컵(300㎖)으로 늘리고,
과정 ③에서 익히는 시간을
10분으로 조정해요.

애호박 닭고기조림

1
작은 볼에 양념 재료를 섞는다.
닭안심은 한입 크기로 썬 후
밑간 재료와 섞는다.

2
애호박은 길이로 4등분한 후
삼각형 모양의 한입 크기로 썰고.
대파, 청양고추는 어슷 썬다.

3
냄비에 애호박, 양념을 넣고
센 불에서 끓어오르면
중간 불로 줄여 뚜껑을 덮고
6분간 중간중간 저어가며 끓인다.
＊애호박은 원하는 식감에 따라
익히는 시간을 4~6분으로
조절해도 좋다.

4
닭안심을 넣고 중간 불에서 2분,
대파, 청양고추를 넣고 1분간
살살 저어가며 끓인다.
＊살살 저어야 애호박이 부서지지
않는다.

응용 덮밥으로 즐기기

- 🕐 15~20분
- 🍚 2~3인분
- 🧊 냉장 3일

- 가지 2개(300g)
- 다진 돼지고기 100g
- 식용유 2큰술

양념
- 설탕 2큰술
- 물 4큰술
- 맛술 1큰술
- 양조간장 1큰술
- 굴소스 2큰술
- 참기름 1큰술
- 다진 마늘 1작은술
- 송송 썬 홍고추 1개 분량(생략 가능)

밑간
- 소금 1/3작은술
- 맛술 1작은술
- 후춧가루 약간

응용법

따뜻한 밥에 가지 돼지고기볶음 적당량 + 참기름 약간을 곁들여 덮밥으로 즐겨도 좋아요.

가지 돼지고기볶음

1

가지는 길이로 2등분 후 1cm 두께로 썬다.

2

작은 볼에 양념 재료를 섞는다. 다른 볼에 다진 돼지고기, 밑간 재료를 넣고 버무려둔다.

3

달군 팬에 식용유를 두르고 돼지고기를 넣어 중간 불에서 3~4분간 뭉치지 않게 저어가며 볶는다.

4

양념, 가지를 넣고 3~4분간 볶는다.

🕐 **15~20분**
△ **2~3인분**
🧊 **냉장 2일**

- 훈제오리 150g
- 청경채 3개(또는 시금치, 150g)
- 대파 20cm
- 마늘 3쪽(15g)
- 식용유 1큰술

양념
- 참기름 1/2큰술
- 다진 마늘 2작은술
- 청주 1작은술
- 양조간장 1작은술
- 후춧가루 약간

응용법

송송 썬 청양고추 2개를
과정 ④에서 양념과 함께 넣어
매콤하게 즐겨도 좋아요.

청경채 훈제오리볶음

1 작은 볼에 양념 재료를 섞는다.

2 청경채는 길게 4~6등분한다.
대파는 5cm 길이로 썬 후 편 썰고,
마늘은 2등분한다. 훈제오리는
한입 크기로 썬다.
* 청경채의 큰 잎은 따로 모아
길이로 2~3등분해도 좋다.

3 달군 팬에 식용유를 두르고
마늘, 대파, 훈제오리를 넣고
센 불에서 2분간 볶는다.

4 청경채, 양념을 넣고 센 불에서
1분간 아삭하게 볶는다.

- 🕐 20~30분
- 🍽 2~3인분
- ❄ 냉장 1일

- 쇠고기 등심 150g
  (두께 1cm, 또는 돼지고기 목살)
- 브로콜리 1/2개(100g)
- 양파 1/4개(또는 피망, 50g)
- 식용유 1큰술
- 소금 약간
- 통후추 간 것 약간

양념
- 굴소스 1과 1/2큰술
- 청주(또는 소주) 1큰술
- 설탕 1작은술
- 감자전분 1작은술
- 다진 마늘 1작은술

응용법
- 브로콜리 대신 파프리카 약 2/3개
  (150g)로 대체해도 좋아요.
- 송송 썬 청양고추 1개를
  마지막에 더해 매콤하게 즐겨도
  좋아요.

브로콜리 쇠고기볶음

1
쇠고기는 키친타월로 감싸
핏물을 없앤 후 한입 크기로 썬다.

2
브로콜리, 양파는 한입 크기로
썬다. 작은 볼에 양념 재료를 넣어
섞는다. *브로콜리 줄기를 얇게
편 썰어 더해도 좋다.

3
달군 팬에 식용유를 두르고
쇠고기를 넣어 센 불에서 1분,
브로콜리, 양파를 넣고
중간 불로 줄여 2~3분간 볶는다.

4
양념을 넣고 센 불로 올려
1분간 볶은 후 불을 끈다.
통후추 간 것을 섞은 후
소금으로 부족한 간을 더한다.

51

잡채 반찬
6가지 레시피

닭고기 파프리카잡채
영양만점 닭고기, 파프리카에
양념도 강하지 않아 아이들도 잘 먹는 잡채

⋯ 53쪽

오징어 국물잡채
국물이 자작해 오징어, 당면, 어묵을 함께
떠먹기 좋은 잡채

⋯ 53쪽

숙주 버섯잡채
숙주, 버섯, 시금치, 당근 등 각종 채소를
빠르게 볶아 아삭함이 살아 있는 잡채

⋯ 56쪽

전주식 콩나물잡채
콩나물, 미나리, 당근, 오이, 배의 식감에
알싸한 연겨자 양념을 더한 잡채

⋯ 57쪽

해물잡채
오징어, 새우, 오이, 무, 파프리카를 더해
가벼운 맛의 잡채

⋯ 58쪽

우엉잡채
가늘게 썬 우엉, 돼지고기, 피망 등이
당면과 함께 후루룩 먹기 좋은 잡채

⋯ 59쪽

닭고기 파프리카잡채 _레시피 54쪽

오징어 국물잡채 _레시피 55쪽

53

닭고기 파프리카잡채

- ⏱ **20~25분**
- 🍴 **2~3인분**
- ❄ **냉장 3일**

- 당면 1/2줌(불리기 전, 50g)
- 닭가슴살 1쪽
  (또는 닭안심 4쪽, 100g)
- 파프리카 1/2개(100g)
- 양파 1/4개(50g)
- 다진 마늘 1작은술
- 식용유 1큰술
- 후춧가루 약간

양념
- 통깨 1큰술
- 양조간장 1큰술
- 참기름 1큰술
- 설탕 1/2작은술
- 소금 약간

밑간
- 설탕 1/2작은술
- 소금 1/4작은술
- 맛술 1/2작은술

> **응용법**
>
> 따뜻한 밥에 닭고기 파프리카잡채 적당량 + 참기름 약간을 곁들여 덮밥으로 즐겨도 좋아요.

1
작은 볼에 양념 재료를 넣고 섞는다.
당면 삶을 물(3컵)을 끓인다.

2
닭가슴살은 0.5cm 두께로 편 썬 후 0.5cm 두께로 채 썬다. 볼에 밑간 재료와 함께 넣고 버무려 10분간 둔다.

3
파프리카, 양파는 0.5cm 두께로 채 썬다.

4
①의 끓는 물(3컵)에 당면을 넣고 중간 불에서 6분간 투명해질 때까지 삶는다.

5
체에 밭쳐 물기를 뺀다.

6
볼에 당면, ①의 양념 1과 1/2큰술을 넣고 버무린다.

7
달군 팬에 식용유를 두르고 다진 마늘을 넣어 중약 불에서 30초, 닭가슴살을 넣어 2분간 볶는다.

8
파프리카, 양파를 넣고 센 불에서 1분, ⑥의 당면, 남은 양념을 넣고 1분간 볶는다. 불을 끄고 후춧가루를 섞는다.

오징어 국물잡채

⏱ 20~25분
△ 2~3인분
🄰 냉장 1일

- 오징어 1마리
  (270g, 손질 후 180g)
- 당면 1/2줌(불리기 전, 50g)
- 사각 어묵 1장(50g)
- 양파 1/2개
  (또는 양배추 3장, 100g)
- 당근 1/5개(40g)
- 부추 1/2줌(또는 깻잎 10장, 25g)
- 식용유 1큰술
- 물 2컵(400㎖)
- 다시마 5×5cm 2장
- 후춧가루 1/3작은술

양념
- 고춧가루 2큰술
- 설탕 1과 1/2큰술
- 다진 마늘 1/2큰술
- 양조간장 1큰술
- 고추장 2큰술

응용법

오징어는 동량(180g)의
냉동 생새우살 9마리(킹사이즈)로
대체해도 좋아요.

1
당면은 찬물에 30분간 불린다.
볼에 양념을 섞는다.

2
어묵은 2등분한 후 1cm 두께로
썰고, 양파, 당근은 0.5cm 두께로
채 썬다. 부추는 4cm 길이로 썬다.

3
오징어는 손질한다. 몸통은 길이로
2등분한 후 0.5cm 두께로 썰고,
다리는 5cm 길이로 썬다.
*오징어 몸통 갈라 손질하기 11쪽

4
깊은 팬을 달궈 식용유, 어묵, 양파,
당근을 넣고 중간 불에서 1분,
오징어, 양념을 넣어 1분간 볶는다.

5
물 2컵(400㎖), 다시마를 넣고
중간 불에서 끓어오르면 1분,
당면을 넣어 2분 30초간 저어가며
끓인다.

6
불을 끄고 다시마를 건져낸 후
부추, 후춧가루를 넣는다.

🕐 **15~20분**
△ **2~3인분**
🔒 **냉장 5일**

- 숙주 4줌(200g)
- 모둠 버섯 4줌(200g)
- 시금치 1줌(50g)
- 당근 1/6개(30g)
- 식용유 1/2큰술
- 소금 약간

양념
- 설탕 1/2큰술
- 양조간장 1큰술
- 참기름 1/2큰술
- 통깨 약간

응용법

과정 ③에서 버섯, 당근과 함께
고춧가루 1/2큰술을 넣으면
매콤하게 즐길 수 있어요.

숙주 버섯잡채

1
냄비에 물(5컵) +소금(1큰술)이
끓어오르면 숙주를 넣어
센 불에서 1분 30초~2분간
데친 다음 체에 밭쳐 식힌다.

2
버섯은 가늘게 채 썰거나
가닥가닥 뜯고,
당근은 0.5cm 두께로 채 썬다.
시금치는 손질한 후 3등분한다.
＊시금치 손질하기 17쪽

3
달군 팬에 식용유, 버섯, 당근을
넣고 중간 불에서 2분,
시금치를 넣어 1분간 볶는다.

4
볼에 양념을 섞은 후 모든 재료를
넣고 살살 무친다.

⏲ 30~35분
△ 2~3인분
🅱 냉장 7일

- 콩나물 6줌(300g)
- 미나리 1줌(50g)
- 당근 1/4개(50g)
- 오이 1/2개(100g)
- 배 1/2개(150g)

양념
- 설탕 1큰술(기호에 따라 가감)
- 통깨 1큰술
- 양조간장 1큰술
- 고춧가루 1작은술
- 식초 1큰술
- 연겨자 1작은술(기호에 따라 가감)
- 소금 1/2작은술

응용법

배는 동량(150g)의 사과,
파프리카로 대체해도 좋아요.

전주식 콩나물잡채

1
콩나물은 머리, 꼬리를 떼어낸다.
냄비에 물(1과 1/2컵)이 끓어오르면
콩나물을 넣어 뚜껑을 덮는다.
센 불에서 김이 올라오면 6분간
익힌 다음 체에 밭쳐 식힌다.
＊익히는 동안 뚜껑을 계속 덮어야
콩나물 특유의 비린내가 나지 않는다.

2
미나리는 5cm 길이로 썰어
끓는 물(3컵) + 소금(1작은술)에
1분간 데친 다음 찬물에 여러 번
헹궈 물기를 꼭 짠다.

3
당근, 오이, 배는 가늘게 채 썬다.

4
볼에 양념 재료를 섞은 후
모든 재료를 넣어 살살 버무린다.
＊양념 재료를 섞을 때 설탕에
연겨자를 먼저 넣어 섞은 후
다른 재료를 섞으면 연겨자가 잘 풀린다.

🕐 **20~30분**
🍽 **2~3인분**
🧊 **냉장 3일**

- 오징어 1마리(270g)
- 냉동 생새우살 10마리(100g)
- 오이 1개(200g)
- 무 지름 10cm 높이 1cm(100g)
- 파프리카 1/2개(100g)

양념
- 설탕 2큰술
- 액젓 1과 1/3큰술
  (멸치 또는 까나리, 기호에 따라 가감)
- 식초 2큰술
- 송송 썬 고추 1개
  (청양고추, 홍고추 등)

응용법

쌀국수 1줌(50g)을 포장지에
적힌 시간대로 삶은 후
마지막에 더해도 좋아요.

해물잡채

1
오징어는 손질한다. 몸통은
0.5cm 두께의 링 모양으로 썰고,
다리는 4cm 길이로 썬다.
생새우살은 찬물에 담가 해동한다.
＊오징어 몸통 가르지 않고
손질하기 11쪽

2
끓는 물(5컵)에 오징어, 새우를
넣어 센 불에서 2분~2분 30초간
익힌다. 찬물에 헹궈 체에 밭쳐
물기를 없앤다.

3
오이, 무, 파프리카는 가늘게
채 썬다. ＊오이의 씨 부분은
아삭한 맛이 약하므로
사용하지 않는다.

4
큰 볼에 양념 재료를 섞은 후
모든 재료를 넣어 버무린다.
＊버무린 후 잠시 두었다가 먹으면
간이 배어 더욱 맛있다.

응용 덮밥으로 즐기기

🕐 **15~20분**
　 (+ 당면 불리기 30분)
🍚 **2~3인분**
🧊 **냉장 2일**

- 우엉 지름 2cm, 길이 20cm 4개(200g)
- 당면 1줌(불리기 전, 50g)
- 대파 10cm
- 돼지고기 잡채용 100g
- 양파 1/2개(100g)
- 피망 1/2개(50g)
- 다진 마늘 1작은술
- 식용유 2큰술
- 참기름 1큰술
- 통깨 1작은술

양념
- 양조간장 3큰술
- 설탕 1큰술
- 물 5큰술
- 물엿 1과 1/2큰술

응용법

따뜻한 밥에 우엉잡채 적당량 +
참기름 약간을 곁들여
덮밥으로 즐겨도 좋아요.

우엉잡채

1

당면은 찬물에 30분간 불린다.
양파, 피망은 가늘게 채 썬다.
대파는 5cm 길이로 썰어 채 썬다.
작은 볼에 양념 재료를 섞는다.

2

우엉은 필러로 껍질을 벗긴다.
6cm 길이로 썰어 가늘게 채 썬 후
물(4컵) + 식초(1큰술)에 담가둔다.
＊우엉을 식초 물에 담가두면
떫은맛이 없어지고,
색이 변하는 것을 막을 수 있다.

3

달군 팬에 식용유를 두르고
대파, 다진 마늘을 넣어
약한 불에서 1분간 볶는다.
우엉, 양파를 넣어 중간 불에서
1분, 돼지고기를 넣고 2분간 볶는다.

4

양념, 불린 당면을 넣고 센 불로 올려
국물이 자박해질 때까지
3분 30초~4분, 피망을 넣고
1분간 볶는다. 불을 끄고
참기름, 통깨를 넣는다.

어묵 반찬 4가지 레시피

어묵 콩나물찜
어묵, 콩나물을 매콤한 양념에
살짝 쪄서 해물찜을
연상시키는 맛 ···→ 61쪽

어묵 김치지짐이
어묵, 김치를 켜켜이 쌓은 다음
푹 익혀 그 맛과 식감이
참 좋은 지짐이 ···→ 61쪽

어묵 애호박볶음
남녀노소 누구나 좋아하는
어묵과 애호박을 볶은 반찬
···→ 64쪽

어묵 통마늘조림
동그란 모양의 어묵과
통마늘을 함께 매콤한 양념에
조린 반찬 ···→ 65쪽

감자 반찬 4가지 레시피

고추장 쇠고기 감자조림
포슬포슬하게 익힌 감자, 부드러운
쇠고기를 한번에 맛볼 수 있는
자작한 조림 ···→ 66쪽

훈제오리 감자볶음
훈제오리, 감자를 함께 볶아
감칠맛을 살린 반찬
···→ 67쪽

버섯 감자조림
버섯, 감자를 큼직하게 썰어
짭조름한 간장 양념에
조린 반찬 ···→ 68쪽

명란 감자무침
아삭하게 익힌 감자에
명란을 더해 별다른 간이
없어도 맛있는 무침 ···→ 69쪽

달걀 반찬 4가지 레시피

달걀 연두부찜
단백질 덩어리 달걀, 연두부를
한번에 맛볼 수 있는 부드러운 찜
···→ 70쪽

게맛살 채소 달걀말이
게맛살을 더해 모양, 색감,
맛까지 살린 달걀말이
···→ 71쪽

참나물 달걀장
참나물 양념에 삶은 달걀을 넣고
그대로 둬 향이 쏙 스며들게
만든 달걀장 ···→ 72쪽

버섯 달걀볶음
부드러운 달걀, 표고버섯을
한번에 호다닥 볶아 만든 볶음
···→ 73쪽

어묵 김치지짐이 _레시피 63쪽

어묵 콩나물찜 _레시피 62쪽

어묵 콩나물찜

- ⏱ **20~25분**
- △ **2~3인분**
- 🔲 **냉장 3일**

- 사각 어묵 2장(100g)
- 콩나물 4줌(200g)
- 대파 15cm
- 물 1/2컵(100㎖)
- 통깨 1작은술
- 참기름 1작은술

양념
- 고춧가루 1과 1/2큰술
- 다진 마늘 1큰술
- 맛술 1큰술
- 양조간장 1큰술
- 설탕 1작은술
- 감자전분 1과 1/2작은술
- 후춧가루 약간

응용법

양념장을 곁들여도 좋아요.
생수 1큰술 + 양조간장 1큰술
+ 설탕 1/2작은술 + 연와사비
1작은술을 섞으면 돼요.

1
작은 볼에 양념 재료를 넣고 섞는다.
콩나물은 체에 밭쳐 흐르는 물에
씻은 후 그대로 물기를 뺀다.

2
어묵은 한입 크기로 썰고,
대파는 어슷 썬다.

3
냄비에 콩나물, 어묵, 양념,
물 1/2컵(100㎖)을 넣는다.

4
뚜껑을 덮고 센 불에서 30초간
끓여 김이 오르면 약한 불로 줄여
4분간 그대로 익힌다.

5
대파를 넣어 1분간 볶는다.
불을 끄고 통깨, 참기름을 넣어 섞는다.

어묵 김치지짐이

⏱ **40~45분**
△ **2~3인분**
🅑 **냉장 3일**

- 사각 어묵 4장(200g)
- 익은 배추김치 1/4포기(300g)
- 대파 20cm
- 양파 1/2개(100g)
- 청양고추 1개
- 김치국물 1/2컵(100㎖)
- 물 1과 1/2컵(300㎖)

양념
- 고춧가루 1큰술
- 다진 마늘 1큰술
- 식용유 3큰술
- 들기름 1큰술(또는 참기름)
- 설탕 1작은술
- 액젓(멸치 또는 까나리) 1작은술

응용법
- 어묵 대신 동량(200g)의 대패 삼겹살로 대체해도 좋아요.
- 포기김치가 없다면 과정 ④에서 모든 재료를 버무려서 더해도 좋아요.

1
작은 볼에 양념 재료를 섞는다.
대파는 5cm 길이로 썬 후 채 썬다.

2
양파는 0.5cm 두께로 썬다.
청양고추는 어슷 썬다.

3
사각 어묵은 길게 4등분한다.

4
냄비에 김치를 포기째 담고,
잎 사이사이에 어묵, 채 썬 양파를
켜켜이 끼운다.

5
물, 김치국물, 대파 1/2분량,
양념을 넣고 뚜껑을 덮어
센 불에서 끓어오르면 약한 불로
줄여 30분간 끓인다.
＊눌어붙지 않도록 중간중간
냄비를 흔들어준다.

6
남은 대파 1/2분량, 청양고추를 넣어
1분간 끓인다.

🕐 **15~25분**
🍚 **2~3인분**
🧊 **냉장 2~3일**

- 애호박 1개(270g)
- 사각 어묵 2장
  (또는 다른 어묵, 100g)
- 식용유 1큰술
- 소금 약간

양념
- 고춧가루 1큰술
- 다진 마늘 1/2큰술
- 양조간장 1과 1/2큰술
- 물 1큰술
- 설탕 2작은술
- 참기름 1작은술

응용법

고춧가루를 생략하면
아이용으로 맵지 않게 만들 수
있어요.

어묵 애호박볶음

1

애호박은 길이로 2등분한 후
0.5cm 두께로 썰고, 어묵은 길이로
3등분한 후 삼각형 모양으로 썬다.

2

볼에 양념 재료를 섞는다.

3

달군 팬에 식용유, 애호박,
소금을 넣고 센 불에서
2분~2분 30초간 볶는다.
＊센 불에서 짧은 시간에 볶아야
애호박이 물러지지 않는다.

4

어묵을 넣고 30초,
양념을 넣고 1분간 볶는다.

⏱ **30~40분**
△ **2~3인분**
🧊 **냉장 7일**

- 둥근 어묵 200g
- 마늘 20쪽(100g)
- 어슷 썬 청양고추 1개(생략 가능)
- 식용유 1큰술
- 올리고당 1큰술(기호에 따라 가감)

양념
- 고춧가루 2와 1/2큰술
- 설탕 2큰술
- 양조간장 1큰술
- 고추장 1큰술
- 물 1/2컵(100㎖)

응용법

둥근 어묵 대신 동량(200g)의
다른 어묵이나 삶은 메추리알로
대체해도 좋아요.

어묵 통마늘조림

1

마늘은 꼭지를 없애고,
볼에 양념 재료를 넣고 섞는다.

2

깊은 팬을 달궈 식용유를 두르고
마늘을 넣어 중간 불에서 2분간
볶는다.

3

둥근 어묵, 청양고추, 양념을 넣고
센 불에서 끓어오르면 약한 불로
줄여 중간중간 저어가며
국물이 자박자박해질 때까지
5~7분간 조린다.

4

불을 끄고 올리고당을 섞는다.

- 🕐 **25~30분**
- △ **2~3인분**
- 🔞 **냉장 1~2일**

- 감자 1과 1/2개(약 300g)
- 쇠고기 불고기용(또는 샤부샤부용) 100g
- 대파 10cm
- 식용유 1큰술
- 다시마 5×5cm 1장

밑간
- 청주(또는 소주) 1큰술
- 양조간장 1작은술
- 후춧가루 약간

양념
- 설탕 1큰술
- 고춧가루 1/2큰술
- 양조간장 1/2큰술
- 고추장 1과 1/2큰술
- 물 3/4컵(150㎖)

응용법

양념의 고추장을 생략하고,
설탕, 양조간장을 각각
1과 1/2큰술씩 넣으면 아이용으로
맵지 않게 만들 수 있어요.

고추장 쇠고기 감자조림

1
쇠고기는 키친타월로 감싸
핏물을 없앤 후 3cm 두께로 썬다.
밑간 재료와 버무려 10분간 둔다.

2
감자는 사방 3cm 크기로 썰고,
대파는 어슷 썬다.

3
달군 냄비에 식용유, 감자를 넣고
중간 불에서 1분, 쇠고기를 넣고
1분간 볶는다. 다시마, 양념 재료를
넣고 센 불에서 끓어오르면
뚜껑을 덮고 중약 불로 줄여
젓가락으로 감자를 찔렀을 때
부드럽게 들어갈 때까지
8~10분간 익힌다.

4
대파를 넣고 다시마를 건져낸 후
중간 불에서 살살 저어가며
1분간 끓인다.
＊감자가 부서질 수 있으므로
살살 젓는다.
＊눌어붙지 않도록 중간중간
저어준다.

🕐 20~25분
△ 2~3인분
⑥ 냉장 3일

- 훈제오리 150g
- 감자 1개(200g)
- 대파 15cm
- 식용유 1큰술
- 물엿(또는 올리고당) 1큰술

양념
- 다진 마늘 1/2큰술
- 양조간장 1큰술
- 후춧가루 약간
- 물 1/2컵(100㎖)

응용법

훈제오리 대신 닭가슴살 1과 1/2쪽(150g)를 1cm 두께로 썰어서 대체해도 좋아요. 이때, 과정 ③에서 감자와 함께 넣고 볶으세요.

훈제오리 감자볶음

1
감자는 2등분한 후 1cm 두께로 썬다. 대파는 송송 썬다.

2
작은 볼에 양념 재료를 넣고 섞는다.

3
달군 냄비에 식용유, 감자를 넣어 중약 불에서 3분간 볶는다. 양념을 넣고 가장자리가 끓어오르면 감자가 90% 정도 익을 때까지 5분간 끓인다.

4
훈제오리, 물엿을 넣고 센 불로 올려 1분 30초간 저어가며 조린 후 대파를 넣어 불을 끈다.
＊ 물엿을 마지막에 넣으면 윤기나게 조릴 수 있다.

🕐 **20~25분**
🍚 **2~3인분**
🧊 **냉장 5일**

- 감자 2개(400g)
- 표고버섯 5개
  (또는 다른 버섯, 125g)
- 풋고추(또는 청양고추) 1개
- 올리고당 1큰술
- 통깨 약간

양념
- 설탕 1큰술
- 양조간장 3큰술(기호에 따라 가감)
- 다진 마늘 1작은술
- 다진 파 1큰술
- 물 1컵(200㎖)

응용법

송송 썬 청양고추 1개를
마지막에 넣고, 양념에 고춧가루
1큰술을 더해 매콤하게 즐겨도
좋아요.

버섯 감자조림

1

감자는 사방 2cm 크기로 썬 후
체에 밭쳐 흐르는 물에 씻고
물기를 뺀다. ＊감자를 씻으면
전분이 제거되어
더 포슬포슬하게 만들 수 있다.

2

표고버섯은 밑동을 제거하고
열십(+) 자로 썬다.
고추는 어슷 썬다.

3

냄비에 감자, 표고버섯, 양념 재료를
넣고 뚜껑을 덮어 중간 불에서
8~12분간 젓가락으로 감자를
찔렀을 때 부드럽게 들어갈 때까지
중간중간 저어가며 끓인다.

4

고추, 올리고당, 통깨를 넣어
살살 섞는다.
＊감자가 부서질 수 있으므로
살살 섞는다.

⏱ 15~20분
🍽 2~3인분
🧊 냉장 1일

- 감자 1개(200g)
- 송송 썬 대파 10cm 분량
  (또는 쪽파)
- 명란젓 2~3개
  (60g, 염도에 따라 가감)
- 참기름 1큰술
- 통깨 1작은술
- 후춧가루 약간

응용법
참기름 대신 마요네즈 2큰술을
더하면 더 고소하게 즐길 수
있어요.

명란 감자무침

1
명란젓은 양념을 씻은 후 작게 썬다.
감자 삶을 물(4컵) +
소금(1작은술)을 끓인다.

2
감자는 열십(+) 자로 썬 후
1cm 두께로 썬다.

3
①의 끓는 물(4컵)+소금(1작은술)에
감자를 넣어 3분 30초~4분간
살짝 아삭하게 익힌 후
체에 밭쳐 물기를 없애며 한 김 식힌다.

＊감자를 너무 익히면 물러지므로
살짝 아삭하게 익히는 것이 좋다.

4
볼에 명란젓, 감자, 대파, 참기름,
통깨, 후춧가루를 넣고
명란젓을 살살 풀어가며 무친다.

⏱ **15~20분**
△ **2~3인분**
🅑 **냉장 1일**

- 달걀 4개
- 연두부 1개(90g)
- 액젓 1큰술
  (멸치 또는 까나리)
- 식용유 2큰술
- 후춧가루 약간
- 물 1/4컵(50㎖)

응용법

송송 썬 대파나 쪽파를
과정 ②에 함께 넣고 익혀도 좋아요.

달걀 연두부찜

1

내열용기에 모든 재료를 넣는다.

2

거품기로 잘 풀어준다.

3

뚜껑(또는 랩)을 씌운다.
전자레인지에서 7~9분간
가운데를 젓가락으로 찔렀을 때
묻어나오지 않을 때까지 익힌다.

⏱ **25~35분**
◻ **2~3인분**
🔁 **냉장 2일**

- 달걀 3개
- 양파 1/4개(50g)
- 피망 1/3개(약 30g)
- 게맛살 3개(짧은 것, 60g)
- 식용유 1큰술
- 맛술 2큰술
- 소금 약간

응용법

달걀말이 대신 에그 스크램블로
즐겨도 좋아요.
달군 팬에 식용유를 두르고
약한 불에서 양파, 피망을 1분간
볶은 후 나머지 재료를 넣어
2~4분간 달걀이 익을 때까지
젓가락으로 저어가며 볶으면 돼요.

게맛살 채소 달걀말이

1

양파, 피망은 잘게 다진다.
게맛살은 결대로 찢는다.
볼에 식용유를 제외한
모든 재료를 넣고 섞는다.

2

달군 팬(또는 달걀말이 팬)에
식용유를 두르고 ①의 1/2분량을
넣고 펼친다. 중간 불에서
30초~1분간 젓가락으로 가볍게
저어가며 익힌다.

3

달걀을 돌돌 말아 한쪽으로
밀어둔다. 남은 ①의 달걀물을
돌돌 만 달걀의 반대쪽에 붓고
펼친다. 달걀이 50% 정도
익을 때까지 1~2분간 그대로
익힌다.

4

달걀을 다시 돌돌 만 후
약한 불에서 1~2분간 굴려가며
단단해질 때까지 굽는다.
한 김 식힌 후 썬다.

- ⏲ **10~15분**
- 🍽 **2~3인분**
- 🔲 **냉장 7일**
  (+숙성 시키기 6시간)

- 달걀 8개
- 작게 썬 참나물 1줌(50g)

양념
- 다진 양파 1/4개(50g)
- 다진 고추 2개
  (홍고추, 풋고추, 청양고추)
- 설탕 5큰술
- 생수 1/2컵(100㎖)
- 양조간장 1/2컵(100㎖)
- 맛술 1/4컵(50㎖)

응용법
- 달걀을 삶을 때 소금, 식초를
  넣으면 삶은 후 껍데기가
  더 잘 까져요.
- 달걀 대신 동량(480g)의 삶은
  메추리알로 대체해도 좋아요.

참나물 달걀장

1
냄비에 물(4컵), 소금(1큰술),
식초(3큰술), 달걀을 넣고 센 불에서
끓어오르면 중간 불로 줄여 8분간
반숙으로 삶은 후 찬물에 담가
완전히 식힌다. 껍질을 벗긴다.
＊완숙을 원한다면 12분간 삶는다.

2
깊은 밀폐용기에 양념을 넣고
섞는다. ＊통깨나 참기름 약간을
더해도 좋다.

3
달걀을 ②의 양념에 넣고 참나물을
올린다. 냉장실에서 6시간 이상 둔 후
먹는다. 이때, 달걀이 고루 양념에
잠기도록 중간중간 위아래로 뒤섞는다.

⏱ 20~30분
🍽 2~3인분
🧊 냉장 3일

- 달걀 2개
- 표고버섯 3개(또는 다른 버섯, 75g)
- 부추 1줌(또는 쪽파, 50g)
- 대파 15cm
- 식용유 1큰술 + 1큰술
- 후춧가루 약간
- 소금 약간

양념
- 맛술 2작은술
- 양조간장 2작은술

응용법

따뜻한 밥에 버섯 달걀볶음 적당량
+ 고추장 약간을 곁들여
비빔밥으로 즐겨도 좋아요.

버섯 달걀볶음

1
표고버섯은 0.5cm 두께로 썰고,
부추는 4cm 길이로 썬다.
대파는 송송 썬다.
볼에 달걀을 넣어 풀고, 다른 볼에
양념 재료를 넣고 섞는다.

2
달군 팬에 식용유 1큰술을 두르고
달걀을 넣는다. 중약 불에서
30초간 그대로 둔 다음 젓가락으로
저어가며 1분~1분 30초간 익힌 후
덜어둔다.

3
팬을 닦고 다시 달궈 식용유
1큰술을 두르고 표고버섯을 넣어
중간 불에서 2분, 대파를 넣고
1분간 볶는다. 불을 끄고 양념을
넣어 남은 열로 30초간 볶는다.

4
부추, ②의 달걀을 넣고 다시
센 불에서 30초~1분간 볶는다.
후춧가루를 섞은 후 소금으로
부족한 간을 더한다.

두부 반찬
8가지 레시피

오징어 두부 두루치기
한번 구워 노릇한 두부, 쫄깃한
오징어를 양념에 자작하게 조린
두루치기

⋯→ 75쪽

중화풍 가지 두부볶음
수분을 쏙 뺀 구운 두부, 가지를
고추기름에 볶은 중식 스타일의
볶음

⋯→ 75쪽

마파두부
두부, 각종 채소, 돼지고기를
작게 썰어 마치 양념장처럼
자박하게 만든 요리

⋯→ 78쪽

구운 두부 김치볶음
구워 쫄깃한 두부와 아삭한
김치를 함께 익힌 볶음 요리

⋯→ 79쪽

파프리카 두부볶음
큼직하게 썰어 구운 두부에
아삭한 파프리카, 고춧가루
양념을 더한 볶음

⋯→ 80쪽

버섯 두부조림
버섯을 센 불에 볶은 다음 두부,
양념을 넣고 촉촉하게 조린 요리

⋯→ 81쪽

황태 두부조림
황태채, 두부를 간장 양념에 푹
조린 감칠맛이 살아 있는 조림

⋯→ 82쪽

두부 애호박 자박이
큼직하게 썬 애호박, 무심하게
손으로 뜯은 두부를 새우젓
국물과 함께 끓인 자박이

⋯→ 83쪽

오징어 두부 두루치기 _레시피 76쪽

칼국수면 곁들이기

응용

중화풍 가지 두부볶음 _레시피 77쪽

오징어 두부 두루치기

⏱ **25~30분**
△ **2~3인분**
🅱 **냉장 3일**

- 오징어 1마리
  (270g, 손질 후 180g)
- 두부 1모(300g)
- 양파 1/4개(50g)
- 대파 20cm
- 청양고추 1개
- 식용유 1큰술
- 참기름 1큰술

양념
- 고춧가루 1큰술
- 설탕 1/2큰술
- 다진 마늘 1큰술
- 맛술 1큰술
- 고추장 1큰술
- 양조간장 1과 1/2작은술
- 물 1컵(200㎖)

응용법

칼국수면을 곁들여도 좋아요. 끓는 물에 생칼국수면 1봉(150g)을 넣고 포장지에 적힌 시간대로 삶은 후 마지막에 더하면 돼요.

1
두부는 2등분한 후
1cm 두께로 썬다.

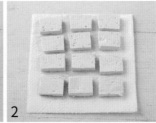

2
키친타월에 올려 소금(약간)을
뿌린 후 10분간 둔 다음
키친타월로 감싸 물기를 없앤다.

3
양파는 0.5cm 두께로 채 썰고,
대파, 청양고추는 어슷 썬다.
작은 볼에 양념 재료를 넣고 섞는다.

4
오징어는 손질한다.
몸통은 1cm 두께의
링 모양으로 썰고,
다리는 5cm 길이로 썬다.
* 오징어 몸통 가르지 않고
손질하기 11쪽

5
깊은 팬을 달궈 식용유를 두르고
두부를 넣어 중간 불에서 3분,
뒤집어서 3분간 노릇하게 굽는다.

6
양념을 넣고 중약 불에서 5분,
오징어, 양파, 대파, 청양고추를 넣고
3분간 양념을 끼얹어가며 조린다.
불을 끄고 참기름을 섞는다.

중화풍 가지 두부볶음

- ⏱ 25~30분
- 🍽 2~3인분
- 🧊 냉장 3일

- 두부 1모(300g)
- 가지 1개(150g)
- 대파 20cm
- 고추 2개
- 다진 마늘 1/2큰술
- 고추기름 1큰술 + 1큰술
- 들기름 1큰술
- 통후추 간 것 약간

양념
- 설탕 1/2큰술
- 고춧가루 1/2큰술
- 물 4큰술
- 국간장 1큰술
- 식초 1/2큰술

응용법

고추기름 대신 식용유를 더하고,
고춧가루, 고추를 생략하면
아이용으로 맵지 않게
만들 수 있어요.

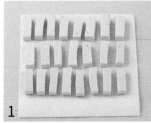

1
두부는 손가락 크기로 길게
썬 다음 키친타월에 올린다.
소금(약간)을 뿌려 10분간 둔 다음
물기를 없앤다.

2
작은 볼에 양념을 섞는다.
대파는 5cm 길이로 썬 후
채 썰고, 고추는 송송 썬다.

3
가지는 5cm 두께로 썬 후
길이로 6~8등분한다.

4
달군 팬에 고추기름 1큰술,
들기름을 두르고 두부를 넣어
중약 불에서 7~8분간 뒤집어가며
노릇하게 구운 후 덜어둔다.

5
④의 팬을 다시 달군 후
고추기름 1큰술, 대파,
다진 마늘을 넣고 중약 불에서
1분간 볶는다.

6
가지를 넣어 2분간 볶은 후
④의 두부, 고추를 넣어
1분간 섞는다.

7
양념을 넣고 센 불에서
1분~1분 30초간 양념이 거의
없어질 때까지 볶는다.
불을 끄고 통후추 간 것을 섞는다.

🕐 15~20분
△ 2~3인분
🔲 냉장 2일

- 두부 1모(300g)
- 양파 1/2개(100g)
- 피망 1개(또는 파프리카, 200g)
- 송송 썬 대파 10cm 분량
- 다진 돼지고기 100g
- 고추기름 2큰술(또는 식용유)
- 참기름 1작은술

양념
- 설탕 1큰술
- 고춧가루 1큰술
- 고추장 1큰술
- 굴소스 2큰술
- 물 1/2컵(100㎖)
- 감자전분 2작은술

응용법
- 두부 대신 연두부를 더하면
  더 부드럽게 즐길 수 있어요.
  이때, 두부 데치는 과정은
  생략하세요.
- 따뜻한 밥에 곁들여 덮밥으로
  즐겨도 좋아요.

마파두부

1
양파, 피망은 잘게 다진다.
작은 볼에 양념을 섞는다.
두부 데칠 물(3컵)을 끓인다.

2
두부는 한입 크기로 썬다.
①의 끓는 물(3컵)에
두부를 넣고 3분간 데친 후
체에 밭쳐 물기를 없앤다.

3
팬에 고추기름을 두르고 대파를 넣어
약한 불에서 1분, 다진 돼지고기를
넣고 중간 불로 올려 1~2분간 볶는다.
양파, 피망을 넣어 1분간 볶는다.

4
두부, 양념을 넣어 약한 불에서
저어가며 2분간 끓인다.
불을 끄고 참기름을 두른다.

비빔밥으로 즐기기 **응용**

🕐 **20~25분**
🍽 **2~3인분**
🧊 **냉장 5일**

- 두부 1모(300g)
- 익은 배추김치 1컵(150g)
- 대파 20cm
- 설탕 1작은술
- 식용유 1큰술 + 1큰술
- 들기름 1큰술
- 통깨 약간

응용법

- 덜 익은 김치의 경우 과정 ③에서 식초 1/2큰술을 넣고, 많이 익은 김치의 경우 볶기 전에 흐르는 물에 씻어서 사용하면 좋아요.
- 따뜻한 밥에 구운 두부 김치볶음 적당량 + 참기름 약간을 곁들여 비빔밥으로 즐겨도 좋아요.

구운 두부 김치볶음

1
두부는 손가락 크기로 길게 썬 다음 키친타월에 올려 소금(약간)을 뿌려 10분간 둔 다음 물기를 없앤다. 대파는 5cm 길이로 썬 후 채 썬다. 김치는 1cm 두께로 썬다.

2
달군 팬에 식용유 1큰술, 들기름을 두르고 두부를 올려 중간 불에서 5분간 뒤집어가며 노릇하게 구운 후 그릇에 덜어둔다.

3
팬에 식용유 1큰술을 두르고 대파를 넣어 약한 불에서 1분, 김치를 넣고 5분, 설탕을 넣고 1분간 볶는다.

4
②의 두부를 넣고 살살 섞어가며 1분간 볶는다. 불을 끄고 통깨를 넣는다.

🕑 20~25분
△ 2~3인분
🍱 냉장 2일

- 두부 1모(300g)
- 파프리카 1개(또는 피망, 200g)
- 대파 10cm
- 식용유 1큰술
- 소금 약간

양념
- 고춧가루 1/2큰술
- 다진 마늘 1/2큰술
- 물 2큰술
- 양조간장 1/2큰술
- 올리고당 1큰술
- 고추장 1큰술
- 설탕 1/2작은술
- 참기름 1작은술

응용법

양념 재료 중에서 고춧가루,
고추장을 생략하고,
양조간장의 양을 1큰술로
조정하면 아이용으로
맵지 않게 만들 수 있어요.

파프리카 두부볶음

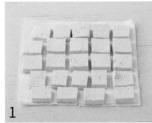

1
두부는 길이로 3등분한 후
1cm 두께로 썬다.
키친타월에 올려 소금(약간)을 뿌려
5분간 둔 후 물기를 없앤다.

2
파프리카는 한입 크기로 썰고,
대파는 송송 썬다. 작은 볼에
양념 재료를 섞는다.

3
달군 팬에 식용유를 두르고
두부를 넣어 중간 불에서
5~6분간 뒤집어가며
노릇하게 굽는다.

4
파프리카, 대파, 양념을 넣고
중약 불에서 1분 30초간 볶는다.
소금으로 부족한 간을 더한다.

🕐 20~25분
🔺 2~3인분
📦 냉장 5일

- 두부 1/2모(150g)
- 모둠 버섯 200g
- 대파 15cm
- 식용유 1큰술
- 들기름 1큰술
- 소금 1/2작은술

양념
- 고춧가루 1큰술
- 물 4큰술
- 양조간장 2큰술
- 올리고당 1큰술
- 다진 마늘 1작은술

응용법
고춧가루를 생략하면 아이용으로 맵지 않게 만들 수 있어요.

버섯 두부조림

1
두부는 길이로 3등분한 후
1cm 두께로 썬다.
키친타월에 올려 소금(약간)을 뿌려
5분간 둔 후 물기를 없앤다.

2
볼에 양념 재료를 섞는다.
대파는 어슷하게 썰고,
모둠 버섯은 가닥가닥 뜯거나
한입 크기로 썬다.

3
달군 팬에 식용유, 들기름을 넣고
대파를 넣어 약한 불에서 1분,
모둠 버섯, 소금을 넣고
센 불로 올려 1분간 볶는다.

4
버섯을 팬의 가장자리로 밀어낸 후
가운데에 두부를 넣고 중간 불에서
3분, 뒤집어 2분간 굽는다.
양념을 넣고 3~4분간 모든 재료를
살살 섞어가며 익힌다.

- 🕐 20~30분
- 🍚 2~3인분
- 🗄️ 냉장 3일

- 두부 1모(300g)
- 황태채 1과 1/2컵(30g)
- 송송 썬 대파 20cm 분량
- 식용유 1큰술
- 참기름 1작은술
- 통깨 약간

양념
- 양조간장 2큰술
- 올리고당 1큰술
- 다진 마늘 1작은술
- 물 1과 1/2컵(300㎖)

응용법

양념에 고춧가루 1큰술을 더하고,
송송 썬 청양고추 1개를 마지막에
섞어 매콤하게 즐겨도 좋아요.

황태 두부조림

1
두부는 길이로 3등분한 후
1cm 두께로 썬다.
키친타월에 올려 소금(약간)을 뿌려
5분간 둔 후 물기를 없앤다.

2
황태채는 물(2큰술)과 버무린다.
황태채의 크기가 너무 크면
가위로 2~3등분해도 좋다.
작은 볼에 양념을 섞는다.

3
달군 팬에 식용유, 두부를 넣고
중약 불에서 6~7분간 뒤집어가며
노릇하게 굽는다.

4
황태채, 대파, 양념을 넣고
중약 불에서 양념을 끼얹어가며
10분간 조린다.
참기름, 통깨를 넣는다.

🕐 20~30분
⌂ 2~3인분
🔲 냉장 4일

- 두부 1모(300g)
- 애호박 1개(270g)
- 꽈리고추 5개
  (또는 풋고추, 청양고추, 25g)
- 홍고추 1/2개(생략 가능)
- 대파 10cm
- 새우젓 1큰술
- 다진 마늘 1작은술
- 다시마 5×5cm 3장
- 물 2컵(400㎖)
- 소금 약간
- 후춧가루 약간

응용법

과정 ③에서 두부와 함께
고춧가루 1큰술, 들기름 1큰술을
더하면 더 진하고 매콤하게
즐길 수 있어요.

두부 애호박 자박이

1
두부는 손으로 큼직하게 뜯는다.
애호박은 길이로 2등분한 후
삼각형 모양으로 큼직하게 썬다.

2
꽈리고추는 2~3등분하고,
홍고추, 대파는 어슷 썬다.

3
냄비에 물 2컵(400㎖), 다시마를
넣는다. 중간 불에서 끓어오르면
두부, 애호박, 새우젓, 다진 마늘을
넣고 8~10분간 끓인다.
＊부드러운 애호박의 식감을
원한다면 12분 정도 끓여도 좋다.

4
꽈리고추, 홍고추, 대파, 후춧가루를
넣고 2분간 끓인다. 소금으로 부족한
간을 더한다.

전 반찬
8가지 레시피

양배추 돼지고기전
채 썬 양배추, 다진 돼지고기,
감자를 함께 반죽해 도톰하게
구운 전

··→ 85쪽

돼지고기 김치전
잘 익은 배추김치, 돼지고기를
김치국물 더한 반죽에 함께
구운 전

··→ 85쪽

참치 채소 달걀전
집에 남아 있는 자투리 채소들을
곱게 다져 참치, 달걀과 함께
구운 초간단 전

··→ 88쪽

시금치 달걀전
잘게 썬 시금치에
고소한 달걀과 함께 부쳐낸 전

··→ 89쪽

팽이버섯 새우전
팽이버섯을 통째로 넣어 쫄깃한
식감을 느낄 수 있는 전

··→ 90쪽

감자 게맛살전
가늘게 채 썬 감자, 양파,
피망, 게맛살을 함께 부쳐
아이들이 특히 좋아하는 전

··→ 91쪽

굴 쪽파전
굴에 쪽파를 더한 반죽을 입혀
맛도, 모양도 한껏 살린 전

··→ 92쪽

깻잎 동그랑땡
깻잎, 다진 돼지고기를 더해
만든 홈메이드 동그랑땡

··→ 93쪽

양배추 돼지고기전 _ 레시피 86쪽

돼지고기 김치전 _ 레시피 87쪽

양배추 돼지고기전

⏱ **20~25분**
△ **지름 12cm 3장분**
🔲 **냉장 2일**

- 양배추 5장(손바닥 크기, 150g)
- 다진 돼지고기 100g
- 청양고추 1개(생략 가능)
- 식용유 6큰술

양념
- 설탕 1/2작은술
- 소금 2/3작은술
- 후춧가루 1/8작은술
- 다진 마늘 1/3작은술

반죽
- 감자 1/2개(100g)
- 튀김가루 5큰술
- 물 3큰술

응용법
- 튀김가루는 동량(5큰술)의 부침가루로 대체해도 좋아요. 대신, 튀김가루를 사용하면 더 바삭한 전을 즐길 수 있지요.
- 돼지고기는 동량(100g)의 생새우살 10마리로 대체해도 좋아요. 생새우살을 반으로 저며 더하세요.

1
양배추는 0.5cm 두께로 채 썰고, 청양고추는 송송 썬다.

2
볼에 다진 돼지고기, 양념 재료를 넣고 재운다.

3
반죽의 감자는 강판에 간 다음 나머지 반죽 재료와 섞는다.

4
③의 볼에 양배추, 돼지고기, 청양고추를 넣고 버무린다.

5
달군 팬에 식용유 2큰술을 두른다. ④의 반죽 1/3분량을 떠서 지름 12cm 크기로 넓게 편 후 중약 불에서 2~3분간 굽는다.

6
뒤집어서 2~3분간 뒤집개로 눌러가며 노릇하게 부친다. 같은 방법으로 2장 더 굽는다.
＊식용유가 부족하면 더 넣어도 좋다.

돼지고기 김치전

🕐 20~25분
△ 지름 15cm 2장분
🔟 냉장 2일

- 다진 돼지고기 100g
- 익은 배추김치 1컵(150g)
- 양파 1/4개(50g)
- 식용유 4큰술

반죽
- 달걀 1개
- 김치국물 5큰술
- 찬물 1큰술
- 식용유 1큰술
- 양조간장 1/2작은술
- 튀김가루 1/2컵(50g)

응용법
- 튀김가루는 동량(1/2컵)의 부침가루로 대체해도 좋아요. 대신, 튀김가루를 사용하면 더 바삭한 전을 즐길 수 있지요.
- 반죽에 송송 썬 청양고추 적당량을 더하면 매콤하게 즐길 수 있어요.

1
큰 볼에 반죽 재료를 넣어 거품기로 살살 섞은 후 10분간 둔다.
＊ 세게 섞으면 공기가 빠져나가 전이 질겨지니 살살 섞는 것이 좋다.
＊ 반죽을 섞어두면 숙성되어 식감이 더욱 쫀득해진다.

2
돼지고기는 키친타월로 감싸 핏물을 없앤다.

3
양파는 0.3cm 두께로 썰고, 배추김치는 속을 가볍게 털어낸 후 0.5cm 두께로 썬다.

4
①의 볼에 돼지고기, 배추김치, 양파를 넣고 고기를 풀어가며 젓가락으로 살살 섞는다.

5
달군 팬에 식용유 2큰술을 두르고 중간 불에서 1분간 그대로 둔다. 반죽 1/2분량을 넣어 지름 15cm, 두께 1cm 크기로 펼친 후 중간 불에서 4분간 익힌다.

6
뒤집어서 2분 30초, 다시 뒤집어서 뚜껑을 덮고 약한 불로 줄여 1분간 익힌다. 같은 방법으로 1장 더 굽는다.
＊ 식용유가 부족하면 더 넣어도 좋다.

- ⏱ **15~20분**
- 🍽 **약 12~14개분**
- 🔒 **냉장 2일**

- 통조림 참치 1캔(100g)
- 다진 자투리 채소 1/2컵
  (양파, 애호박, 피망 등, 50g)
- 식용유 2큰술

반죽
- 달걀 1개
- 다진 마늘 1작은술
- 소금 1/4작은술
- 후춧가루 약간

응용법
- 다진 청양고추 1개를
  반죽에 함께 넣어 매콤하게
  즐겨도 좋아요.
- 토마토케첩을 곁들이면 더욱
  맛있어요.

참치 채소 달걀전

1
참치는 체에 밭쳐 기름을 없앤다.

2
큰 볼에 반죽 재료를 넣어
골고루 섞는다. 참치,
다진 자투리 채소를 넣어
다시 섞는다.

3
달군 팬에 식용유를 두르고
반죽을 1큰술씩 올려 펼친다.
＊팬의 크기에 따라 나눠 구워도 좋다.

4
앞뒤로 뒤집어가며 4~5분간
노릇하게 익힌다.
＊식용유가 부족하면 더 넣어도 좋다.

🕐 20~25분
△ 15~18개분
🅑 냉장 2일

- 시금치 2줌(100g)
- 양파 1/4개(50g)
- 식용유 3큰술

반죽
- 달걀 3개
- 튀김가루 4큰술(또는 부침가루)
- 양조간장 1큰술
- 설탕 1작은술
  (기호에 따라 가감)
- 소금 1/2작은술
- 다진 마늘 1/2작은술

응용법
다진 생새우살 10마리(100g)을
반죽에 더하면 더 풍성한 맛으로
즐길 수 있어요.

시금치 달걀전

1
시금치는 손질한 후 0.5cm 두께로
썰고, 양파는 가늘게 채 썬다.
＊시금치 손질하기 17쪽

2
볼에 반죽 재료를 넣어
거품기로 잘 섞은 후 시금치를 더해
젓가락으로 섞는다.

3
달군 팬에 식용유 1큰술을 두르고
②의 반죽을 1과 1/2큰술씩 올려
지름 6cm, 두께 1cm 크기의
둥글납작한 모양으로 만든다.

4
중약 불에서 앞뒤로 뒤집어가며
2분~2분 30초간 노릇하게 굽는다.
같은 방법으로 더 굽는다.
＊식용유가 부족하면 더 넣어도 좋다.

🕐 **20~25분**
△ **지름 10~15cm 6개분**
🔒 **냉장 2일**

- 생새우살 20마리(200g)
- 팽이버섯 100g
- 양파 1/4개(50g)
- 식용유 4큰술

반죽
- 달걀 1개
- 튀김가루 6큰술(또는 밀가루, 부침가루)
- 다진 마늘 1/2큰술
- 물 5큰술
- 소금 1/2작은술
- 참기름 2작은술

응용법

- 팽이버섯 대신 동량(100g)의 다른 버섯으로 대체해도 좋아요. 사용하는 버섯에 따라 다양한 식감과 향을 즐길 수 있어요.
- 양념장을 곁들여도 좋아요. 생수 1큰술 + 양조간장 1큰술 + 식초 1/2큰술 + 올리고당 1/2작은술을 섞으면 돼요.

팽이버섯 새우전

1
생새우살은 2등분하고, 팽이버섯은 가닥가닥 뜯는다. 양파는 가늘게 채 썬다.

2
볼에 반죽 재료를 넣어 섞는다. 새우, 팽이버섯, 양파를 섞는다.

3
달군 팬에 식용유 2큰술을 두른 후 반죽 1/6 분량씩을 동그랗게 펼쳐 올린다. * 팬의 크기에 따라 나눠 구워도 좋다.

4
그대로 중약 불에서 앞뒤로 뒤집어가며 6~8분간 노릇하게 굽는다. 같은 방법으로 3장 더 굽는다.
* 식용유가 부족하면 더 넣어도 좋다.

🕐 20~25분
⌒ 지름 15cm 2개분
🔲 냉장 2일

- 감자 1개(200g)
- 게맛살 3개(짧은 것, 60g)
- 양파 1/4개(50g)
- 피망 1/2개(또는 파프리카, 당근, 100g)
- 튀김가루 5큰술
  (또는 부침가루)
- 물 4큰술
- 식용유 4큰술

응용법

양념장을 곁들여도 좋아요.
마요네즈 2큰술 + 양조간장
1작은술 + 올리고당 2작은술을
섞으면 돼요.

감자 게맛살전

1
감자는 최대한 가늘게 채 썬다.
찬물에 10분간 담가 전분을 없앤 후
체에 밭쳐 물기를 뺀다.
＊채칼을 사용해도 좋다.

2
양파, 피망은 0.3cm 두께로 썰고,
게맛살은 가늘게 찢는다.

3
볼에 식용유를 제외한 모든 재료를
넣고 젓가락으로 섞는다.

4
달군 팬에 식용유 2큰술을 두른 후
반죽 1/2분량을 넣고 지름 15cm
크기로 펼친다. 중약 불에서 앞뒤로
각각 3~4분씩 눌러가며 노릇하게
굽는다. 같은 방법으로 1장 더 굽는다.
＊식용유가 부족하면 더 넣어도 좋다.

🕐 **20~30분**
△ **2~3인분**

- 굴 1컵(200g)
- 달걀 2개
- 쪽파 5줄기(40g)
- 튀김가루 2큰술
- 식용유 2큰술

응용법

쪽파는 송송 썬 대파나 다진
청양고추로 대체해도 좋아요.

굴 쪽파전

1

굴은 체에 넣고 물(4컵) +
소금(1/2큰술)이 담긴 볼에서
살살 흔들어 씻은 후 물기를 뺀다.
키친타월로 감싸 한 번 더 물기를
완전히 없앤다. * 굴은 손이 많이
닿으면 비린내가 나므로 주의한다.

2

쪽파는 송송 썬 후
달걀, 튀김가루와 섞는다.

3

②에 굴을 넣어 섞는다.

4

달군 팬에 식용유를 두른 후 숟가락으로
반죽과 굴을 한 숟가락씩 떠 넣는다.
중간 불에서 3~4분, 뒤집어서 중약 불로
줄여 3~3분간 노릇하게 굽는다.
* 식용유가 부족하면 더 넣어도 좋다.

🕐 35~40분
⌂ 약 20개분
🔲 냉장 2일, 냉동 2주

- 다진 돼지고기 200g
- 다진 모둠 채소 140g
  (양파, 당근, 대파 등)
- 다진 깻잎 5장(10g)
- 밀가루 3큰술
- 소금 2/3작은술
- 후춧가루 약간
- 식용유 약간 + 2큰술

응용법

양념장을 곁들여도 좋아요.
양조간장 1큰술 + 식초 1/2큰술
+ 설탕 1작은술 + 통깨 1작은술을
더하면 돼요.

깻잎 동그랑땡

1
돼지고기는 키친타월로 감싸
핏물을 없앤다.

2
볼에 식용유를 제외한 재료를 넣고
날가루가 보이지 않을 정도까지
대강 반죽한다. *대강 반죽해야
재료의 식감이 살아 있다.

3
손에 식용유 약간을 바른 후
②의 반죽을 지름 3.5cm,
두께 1cm 크기의 둥글납작한
모양으로 만든다.
*손에 식용유를 바르면 들러붙지
않아 모양을 만들기 더 편하다.

4
달군 팬에 식용유, ③을 넣고
중약 불에서 뒤집어가며 8~9분간
노릇하게 구운 후 불을 끈다.
*식용유가 부족하면 더 넣어도 좋다.
*가운데 부분을 눌렀을 때 단단해야
잘 익은 것이다.

저장 밑반찬
8가지 레시피

두 가지 맛의 뱅어포구이
간장, 고추장의 두 가지 양념 중
원하는 것을 선택해 뱅어포에
발라 굽는 밑반찬

검은콩 잔멸치볶음
푹 삶은 검은콩에 짭조름한
잔멸치를 넣어 식감, 영양을 한껏
살린 밑반찬

진미채 꽈리고추볶음
아삭한 꽈리고추, 진미채를
고추장양념에 볶은 밑반찬

땅콩 건새우볶음
바삭한 식감의 건새우, 땅콩을
맛볼 수 있는 볶음 밑반찬

대파 버섯장조림
큼직하게 썬 대파, 새송이버섯을
간장 양념에 살짝 조려 식감이
살아 있는 장조림

마늘 황태장조림
대파를 더해 향이 좋은 조림장에
황태채, 마늘을 넣고
그대로 숙성 시킨 장조림

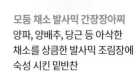

모둠 채소 발사믹 간장장아찌
양파, 양배추, 당근 등 아삭한
채소를 상큼한 발사믹 조림장에
숙성 시킨 밑반찬

깻잎 된장지짐이
양파, 대파를 더한 양념을 깻잎
사이사이에 켜켜이 발라 푹 익힌
지짐이

주먹밥으로 즐기기

응용

검은콩 잔멸치볶음 _레시피 97쪽

두 가지 맛의 뱅어포구이 _레시피 96쪽

두 가지 맛의 뱅어포구이

- 🕐 25~30분
- ⌂ 4~5회분
- 🔓 냉장 1주일

- 뱅어포 5~6장(100g)
- 통깨 1큰술

양념 1_간장 양념
- 다진 마늘 1과 1/2큰술
- 청주(또는 소주) 1큰술
- 양조간장 1큰술
- 올리고당 3큰술
- 참기름 1큰술
- 후춧가루 약간

양념 2_고추장 양념
- 다진 마늘 1과 1/2큰술
- 청주(또는 소주) 1큰술
- 고추장 2큰술
- 올리고당 3큰술
- 참기름 1큰술
- 후춧가루 약간

응용법

김밥 김에 따뜻한 밥, 뱅어포구이 적당량을 넣고 돌돌 말아 김밥으로 즐겨도 좋아요.

1
뱅어포는 2장씩 서로 비벼 불순물과 부스러기를 없앤다.
*크기가 크다면 팬의 크기에 맞게 잘라도 좋다.

2
작은 볼에 2개의 양념 중 원하는 양념 재료를 섞는다.

3
달군 팬에 기름을 두르지 않은 채 뱅어포 1장을 넣는다. 중간 불에서 앞뒤로 뒤집어가며 20초씩 구워 그릇에 덜어둔다. 남은 뱅어포도 같은 방법으로 굽는다.

4
구운 뱅어포의 양쪽 면에 ②의 양념을 붓으로 약간씩 펴 바른다. 나머지도 같은 방법으로 양념을 바른 후 10분간 그대로 둔다.
*10분간 두면 양념이 겉돌지 않고 안쪽까지 잘 스며든다.

5
달군 팬에 기름을 두르지 않은 채 뱅어포를 1장씩 넣어 약한 불에서 앞뒤로 각각 30초씩 굽는다.
*양념이 팬에 눌어붙으면 키친타월로 닦은 후 굽고, 팬이 많이 달궈졌다면 굽는 시간을 가감한다.
*코팅이 잘된 팬을 사용하는 것이 좋다.

6
한입 크기로 썰어 그릇에 담고 통깨를 뿌린다.

검은콩 잔멸치볶음

- ⏱ 50~55분
  (+ 검은콩 불리기 3시간)
- 🍚 10회분
- ❄ 냉장 10일

- 검은콩 1컵(불리기 전 130g)
- 잔멸치 1컵(50g)
- 식용유 2큰술
- 올리고당 1과 1/2큰술
- 통깨 1/2큰술

양념
- 다시마 5×5cm
- 따뜻한 물 2컵
  (뜨거운 물 1컵 + 찬물 1컵, 400㎖)
- 설탕 1/2큰술
- 양조간장 1과 1/2큰술
- 식용유 1/2큰술

응용법

- 검은콩은 동량(불리기 전 130g)의 백태로 대체해도 좋아요. 이때, 과정 ②에서 삶는 시간을 30분 정도로 늘리세요.
- 따뜻한 밥과 섞은 후 한입 크기의 주먹밥으로 즐겨도 좋아요.

1 검은콩은 잠길 만큼의 물에 담가 3시간 이상 불린다. *실내 온도가 높을 때에는 싹이 트거나 상할 수 있으므로 냉장실에서 불린다.

2 냄비에 물(5컵), 검은콩을 넣고 센 불에서 끓어오르면 중약 불로 줄여 20분간 삶은 후 체에 밭쳐 물기를 없앤다.

3 볼에 양념의 다시마, 따뜻한 물 2컵(400㎖)을 담고 10분간 우려낸다. 다시마를 건져낸 후 나머지 양념 재료를 넣고 섞는다.

4 달군 팬에 식용유를 두르지 않은 채 잔멸치를 넣고 중간 불에서 1분, 식용유를 넣고 2분간 바삭하게 볶는다.
*잔멸치를 먼저 마른 팬에 볶아 비린내와 수분을 날린 후 식용유를 더하는 것이 좋다.

5 냄비에 ②의 삶은 검은 콩과 ③의 양념을 넣고 중약 불에서 20분간 조린다.

6 ④의 잔멸치, 올리고당을 넣고 센 불에서 끓어오르면 약한 불로 줄여 국물이 거의 없어질 때까지 3~5분간 볶는다. 불을 끄고 통깨를 넣어 버무린다.

🕐 **15~20분**
△ **2~3인분**
🗄 **냉장 7일**

- 진미채 3컵(100g)
- 꽈리고추 15개(또는 풋고추 5개, 75g)
- 식용유 1큰술
- 통깨 1큰술
- 참기름 1큰술

양념
- 다진 마늘 1/2큰술
- 맛술 1큰술
- 양조간장 1큰술
- 올리고당 1과 1/2큰술
- 고추장 2큰술

응용법

진미채를 두절 건새우
2컵(60g)으로 대체해도 좋아요.
단, 꽈리고추는 건새우와 비슷한
크기로 썰고 과정 ①의 불리는
과정은 생략하고, 과정 ③에서
볶는 시간을 2분으로 늘리세요.

진미채 꽈리고추볶음

1

진미채는 먹기 좋은 크기로 자른다.
볼에 물(2컵) + 청주(1큰술),
진미채를 넣고 5분간 두었다가 체에
밭쳐 흐르는 물에 2~3번 헹군 후
물기를 꼭 짠다. * 진미채를 오래
물에 담가두면 맛이 빠지게 되므로
레시피의 시간을 지키는 것이 좋다.

2

꽈리고추는 길게 어슷 썬다.
작은 볼에 양념 재료를 넣고 섞는다.

3

달군 팬에 식용유를 두르고
진미채, 꽈리고추를 넣어
중간 불에서 1분 30초간 볶는다.

4

양념을 넣고 1분 30초간 볶은 후
불을 끈다. 통깨, 참기름을 섞는다.

⏱ **15-20분**
△ **2~3인분**
🔒 **냉장 7일**

- 두절 건새우 2컵(60g)
- 땅콩 1/2컵
  (또는 다른 견과류, 50g)
- 청주(또는 소주) 1큰술
- 식용유 2큰술
- 설탕 1과 1/2큰술
- 양조간장 1큰술
- 통깨 1큰술
- 꿀(또는 올리고당) 1큰술

응용법

두절 건새우 대신 동량(60g)의
중멸치로 대체해도 좋아요.
이때, 양조간장의 양을 1작은술로
줄이세요.

땅콩 건새우볶음

1
달구지 않은 팬에 건새우를 넣고
중간 불에서 1분, 청주를 넣고
30초간 볶는다.

2
땅콩, 식용유를 넣고 1분,
설탕을 넣고 1분간 볶는다.
＊쉽게 탈 수 있으므로 주의한다.

3
양조간장을 넣고 30초간 볶는다.
불을 끄고 통깨, 꿀을 넣어 섞은 후
펼쳐 식힌다.
＊펼쳐서 식혀야 덩어리지지 않고
더욱 바삭하게 즐길 수 있다.

🕐 **15~20분**
△ **4회분**
🔲 **냉장 7일**

- 대파(흰 부분) 30cm 2대
- 새송이버섯 3개(240g)
- 마늘 2쪽(10g)
- 참기름 1/2작은술
- 식용유 1큰술

양념
- 설탕 1과 1/2큰술
- 양조간장 2와 1/2큰술
- 후춧가루 약간

응용법

새송이버섯은 동량(240g)의
표고버섯으로 대체해도 좋아요.
0.5cm 두께로 썬 후 더하세요.

대파 버섯장조림

1
대파는 3cm 길이로 썬다.
새송이버섯은 길이 5cm, 두께 0.5cm
크기로 썬다. 마늘은 편 썬다.
＊대파가 너무 굵다면 이쑤시개로
4~5회 구멍을 내서 양념이 더 잘
배도록 해도 좋다.

2
달군 냄비에 식용유를 두르고
대파, 마늘을 넣고
약한 불에서 1분간 볶는다.

3
양념 재료를 넣고 약한 불에서
1분간 저어가며 끓인다.

4
새송이버섯을 넣고 2분 30초간 볶다가
참기름을 넣고 버무린다.

🕐 **20~25분**
   (+ 숙성 시키기 12시간)
🍽 **4~5회분**
🧊 **냉장 7일**

- 황태채 4컵(또는 북어채, 80g)
- 마늘 15쪽(75g)

조림장
- 대파 20cm
- 설탕 3큰술
- 물 1과 1/2컵(300㎖)
- 양조간장 1/2컵(100㎖)

응용법
- 마늘은 양파 1/2개(100g)로 대체해도 좋아요.
- 내열 유리용기에 끓는 물을 넣고 충분히 흔든 후 그대로 말려 소독한 후 사용하세요.

마늘 황태장조림

1

황태채는 생수 1/2컵(100㎖)과 함께 버무린다.

＊ 황태채를 물에 버무리면 식감이 부드러워진다.

＊ 황태채의 크기가 너무 크면 가위로 2~3등분해도 좋다.

2

마늘은 편 썰고,
대파는 5cm 길이로 썬다.

3

냄비에 조림장 재료를 넣는다.
중간 불에서 5~6분간 설탕이 녹을 때까지 중간중간 저어가며 끓인 후 한 김 식힌다.

4

내열 유리용기에 황태채, 마늘을 넣고 한 김 식힌 조림장을 넣는다.
차게 식힌 후 뚜껑을 덮는다.
실온에서 12시간 숙성 시킨 후 먹는다.

🕐 **15~20분 (+ 숙성 시키기 1~2일)**
△ **10회분**
🔒 **냉장 30일**

- 양파 1개(200g)
- 양배추 3장(손바닥 크기, 90g)
- 당근 1/4개(50g)
- 청양고추 5개(기호에 따라 가감)
- 홍고추 2개

조림장
- 설탕 1컵
- 양조간장 1컵(200㎖)
- 발사믹식초 1컵(200㎖)
- 식초 1/4컵(50㎖)
- 물 1컵(200㎖)
- 통후추 10알

응용법

양파, 양배추, 당근은
한 종류만 사용하거나
다른 단단한 채소(적채, 피망 등)으로
대체해도 좋아요. 단, 총량이
350g 정도로 맞춰서 사용하세요.

모둠 채소 발사믹 간장장아찌

1

양파, 양배추는 한입 크기로 썬다.

2

당근은 길이로 2등분한 후
0.5cm 두께로 썰고, 청양고추,
홍고추는 1cm 두께로 썬다.

3

냄비에 조림장 재료를 넣고
센 불에서 끓어오르면 1분간
설탕이 녹을 때까지
끓인 후 불을 끈다.

4

소독한 내열 유리용기(101쪽)에 모든
재료를 담는다. 실온에서 한 김 식힌 후
뚜껑을 덮고 완전히 식힌다.
냉장실에서 1~2일간 숙성 시킨다.

🕐 15~20분
🍽 2~3인분
🧊 냉장 7일

- 깻잎 30장(60g)

양념
- 양파 1/2개 (100g)
- 대파 20cm
- 물 3큰술
- 된장 3큰술(염도에 따라 가감)
- 들기름 1큰술

응용법
다진 청양고추 약간을 양념에 더하면 더 매콤하게 즐길 수 있어요.

깻잎 된장지짐이

1
양파는 잘게 다지고, 대파는 송송 썬다.

2
볼에 양념 재료를 섞는다.

3
작은 냄비에 깻잎 → 양념 1큰술 펴 바른다. 깻잎 꼭지를 돌려가며 이 과정을 반복해서 켜켜이 담는다.
＊ 꼭지가 겹치지 않게 돌려가며 담아야 익힌 후 1장씩 떼어먹기 편리하다.
＊ 양념이 남는다면 마지막에 붓는다.

4
뚜껑을 덮어 센 불에서 30초, 약한 불로 줄여 3분간 끓인다. 불을 끄고 3분간 그대로 뜸을 들인다.

친숙하면서도
새롭게 변신시킨

고기와 해산물 요리

든든하고 푸짐해서 누구나 좋아하는 고기와 해산물 요리.
친숙하면서도 새로운 맛으로 즐겨보세요.

불고기
6가지 레시피

김치 불고기전골
김치, 돼지고기로 만든 깔끔하고
국물이 자작한 스타일의 불고기 전골

···→ 107쪽

우엉불고기
얇게 저민 우엉의 색다른 식감과 모양이
멋스러운 우엉불고기

···→ 107쪽

매콤 버섯불고기
칼칼한 양념을 더해 매콤하고, 버섯을 가득
넣어 식감이 좋은 버섯불고기

···→ 110쪽

차돌박이 불고기샐러드
고소한 맛이 좋은 차돌박이를 밑간해서
구운 후 알싸한 영양부추를 곁들인 샐러드

···→ 111쪽

대파 닭불고기
간장 양념에 자박하게 조린 부드러운
닭다리살, 아삭한 대파채를 맛볼 수 있는
불고기

···→ 112쪽

부추 바짝 오징어불고기
동글동글 모양을 살려 썬 오징어를
짭조름한 양념에 부추와 함께 빠르게
바짝 볶은 불고기

···→ 113쪽

김치 불고기전골 _레시피 108쪽

우엉불고기 _레시피 109쪽

김치 불고기전골

🕐 **25~30분**
⌂ **2~3인분**
🅰 **냉장2일**

- 돼지고기 불고기용 300g
  (또는 쇠고기 불고기용)
- 익은 배추김치 1과 1/2컵
  (약 200g)
- 양파 1/4개(50g)
- 대파 15cm
- 청양고추 1개
- 다시마 5×5cm 2장
- 다진 마늘 1큰술
- 국간장 1큰술
  (김치 염도에 따라 가감)
- 물 2컵(400㎖)

양념
- 설탕 1과 1/2큰술
- 다진 마늘 1/2큰술
- 양조간장 3큰술
- 청주(또는 소주) 1큰술
- 후춧가루 약간

> **응용법**
>
> 우동면을 더해도 좋아요.
> 끓는 물에 우동면 1팩(200g)을
> 넣고 센 불에서 포장지에 적힌
> 시간대로 삶아주세요.
> 마지막에 더하면 돼요.

1
돼지고기는 키친타월로 감싸
핏물을 없앤 후 3cm 두께로 썬다.

2
양념을 섞은 후 돼지고기와
버무려 15분간 둔다.

3
양파는 1cm 두께로 썰고,
대파, 청양고추는 어슷 썬다.

4
배추김치는 한입 크기로 썬다.

5
냄비에 돼지고기, 배추김치,
양파, 다시마, 물 2컵(400㎖)을
넣고 센 불에서 끓어오르면
중간 불로 줄여 뚜껑을 덮고
7~10분간 끓인다.

6
대파, 청양고추, 다진 마늘,
국간장을 넣고 뚜껑을 연 다음
3~5분간 끓인다.

우엉불고기

- ⏱ **20~25분**
- △ **2~3인분**

- 쇠고기 불고기용 200g
- 우엉 지름 2cm, 길이 40cm
  1개(100g)
- 대파 30cm
- 식용유 1큰술

양념
- 설탕 1큰술
- 물 4큰술
- 양조간장 2와 1/2큰술
- 맛술 1큰술
- 참기름 1큰술
- 통깨 1작은술
- 다진 마늘 2작은술
- 후춧가루 약간

응용법

- 전골로 즐겨도 좋아요.
  마지막에 물 1/2컵(100㎖),
  국간장 1/2큰술을 넣고
  센 불에서 3~5분간 끓이면 돼요.
- 과정 ①에서 필러가 없다면
  최대한 가늘게 채 썰어도 돼요.
  단, 과정 ⑤에서 우엉 익히는
  시간을 5분으로 조정하세요.

1
우엉은 필러로 껍질을 벗긴 후
다시 필러로 얇게 저민다.
물(3컵) + 식초(2작은술)에
10분간 담가 두었다가 체에 밭쳐
흐르는 물에 헹군 후 물기를 뺀다.
＊우엉을 식초 물에 담가두면
떫은맛이 없어지고,
색이 변하는 것을 막을 수 있다.

2
대파는 5cm 길이로 썰어 편 썬다.
볼에 양념 재료를 넣고 섞는다.

3
쇠고기는 키친타월로 감싸
핏물을 없앤 후 2cm 두께로 썬다.

4
②의 양념 1과 1/2큰술을 덜어서
쇠고기와 버무린다.

5
깊은 팬을 달궈 식용유를 두르고
대파를 넣어 약한 불에서 1분,
우엉을 넣어 3분간 볶는다.

6
남은 양념을 넣어 1분 30초,
쇠고기를 넣고
2분 30초~3분간 볶는다.

🕐 **25~30분**　△ **2~3인분**　🔒 **냉장 2~3일**

- 쇠고기 불고기용 200g
- 모둠 버섯 200g
- 양파 1/2개(100g)
- 대파 15cm
- 물 1/2컵(100㎖)
- 식용유 1큰술
- 들기름 1작은술

양념
- 설탕 1큰술
- 고춧가루 1큰술
- 다진 청양고추 1개 분량
- 양조간장 2와 1/2큰술
- 참기름 2작은술
- 다진 마늘 1작은술
- 다진 파 1큰술

응용법
- 쇠고기 불고기용을 동량(200g)의 돼지고기 불고기용으로 대체해도 좋아요. 이때, 돼지고기 불고기용에 청주 2큰술, 식용유 1큰술을 더해 10분간 밑간한 후 요리에 더하세요.
- 따뜻한 밥에 매콤 버섯불고기 적당량 + 참기름 1작은술을 곁들여 덮밥으로 즐겨도 좋아요.

덮밥으로 즐기기 (응용)

매콤 버섯불고기

1
모둠 버섯은 한입 크기로 썰거나 가닥가닥 뜯는다.
대파는 5cm 길이로 썰어 편 썰고, 양파도 채 썬다.

2
쇠고기는 키친타월로 감싸 핏물을 없앤 후 2cm 두께로 썬다.

3
볼에 양념을 섞고 ①, ②의 재료를 모두 넣어 버무린다.

4
달군 냄비에 식용유, 들기름을 두르고 ③을 넣어 센 불에서 2분간 볶는다.
물 1/2컵(100㎖)을 넣고 중간 불로 줄여 저어가며 6~8분간 익힌다.

🕐 15~20분　🍽 2~3인분

- 차돌박이 400g
- 양파 1/2개(100g)
- 영양부추 1과 1/2줌(또는 부추, 75g)
- 식용유 1작은술

밑간
- 설탕 1큰술
- 청주 2큰술
- 양조간장 2큰술
- 다진 마늘 1과 1/2작은술
- 후춧가루 1/4작은술

드레싱
- 생수 1/4컵(50㎖)
- 양조간장 1과 1/2~2큰술(기호에 따라 가감)
- 식초 1큰술
- 올리고당 1큰술
- 연와사비 1작은술(기호에 따라 가감)

응용법

우동면을 더해도 좋아요.
끓는 물에 우동면 1팩(200g)을 넣고
센 불에서 포장지에 적힌 시간대로
삶아주세요. 양조간장 1작은술,
올리고당 1작은술과 버무린 후
샐러드에 곁들여요.

차돌박이 불고기샐러드

1
차돌박이는 키친타월로 감싸
핏물을 없앤다. 밑간 재료와 함께
버무린다.

2
양파는 가늘게 채 썰어 찬물에
10분간 담가 매운맛을 뺀 후
키친타월로 감싸 물기를
완전히 없앤다. 영양부추는
4cm 길이로 썬다.

3
달군 팬에 식용유를 두르고
①을 넣어 중간 불에서
3~5분간 볶는다.

4
큰 볼에 드레싱 재료를 넣고
익힌 차돌박이, 양파, 영양부추를
넣어 버무린다.
＊차돌박이가 따뜻할 때 버무려야
드레싱이 잘 밴다.

🕐 **25~30분**
△ **2~3인분**
🔒 **냉장 2~3일**

- 닭다리살 5쪽
  (또는 닭안심, 500g)
- 대파 20cm 4대
  (또는 시판 대파채 120g)
- 식용유 1큰술

양념
- 설탕 1큰술
- 다진 마늘 1/2큰술
- 양조간장 3큰술
- 맛술 1큰술
- 참기름 1작은술
- 후춧가루 약간

매콤하게 즐기기 (응용)

응용법
양념에 다진 청양고추 1개,
고춧가루 1큰술을 넣어
매콤하게 즐겨도 좋아요.

대파 닭불고기

1
닭다리살은 껍질 쪽에 칼끝으로
4~5회 찔러 칼집을 낸 다음
1.5cm 두께로 썬다.

2
양념 재료를 섞은 후 닭다리살과
버무려 10분간 둔다. 대파는
5cm 길이로 썬 후 가늘게 채 썬다.

3
달군 팬에 식용유를 두르고
닭다리살을 넣어
중간 불에서 6~8분간 볶는다.

4
불을 끄고 대파 1/2분량은 섞는다.
나머지 대파채를 올린다.

⏲ **25~30분**
🍴 **2~3인분**

- 오징어 1마리
  (270g, 손질 후 180g)
- 양파 1/4개(50g)
- 부추 1줌(또는 대파,50g)
- 식용유 2큰술
- 통후추 간 것 약간

양념
- 설탕 1큰술
- 양조간장 1큰술
- 참기름 1큰술

응용 연와사비, 구운 김 곁들이기

응용법

연와사비와 함께 구운 김에
싸 먹어도 맛있어요.

부추 바짝 오징어불고기

1
볼에 양념을 섞는다.
양파는 가늘게 채 썰고,
부추는 5cm 길이로 썬다.

2
오징어는 손질한다.
몸통은 1cm 두께의
링 모양으로 썰고,
다리는 5cm 길이로 썬다.
* 오징어 몸통 가르지 않고
손질하기 11쪽

3
팬을 센 불에서 1분간 뜨겁게 달군다.
식용유, 오징어를 넣고 1분,
양념, 양파를 넣고 2분간 볶는다.
* 팬이 충분히 달궈져야 오징어에서
수분이 덜 나와 바짝 볶을 수 있다.

4
불을 끄고 부추를 섞는다.
통후추 간 것을 섞는다.

제육볶음
6가지 레시피

제육전골
버섯, 당면, 돼지고기가 듬뿍!
국물이 자작해 더 좋은 제육전골

⋯→ 115쪽

더덕 제육볶음
큼직하게 썬 더덕, 고소한 맛의 삼겹살을
매콤한 양념에 바짝 볶은 제육볶음

⋯→ 115쪽

숙주 제육볶음
아삭아삭 숙주를 고기만큼 많이 넣어
느끼하지 않고 깔끔한 제육볶음

⋯→ 118쪽

쌈장 버섯 제육볶음
남녀노소 누구나 좋아하는 쌈장을
양념으로 더해 더 맛있는 버섯 제육볶음

⋯→ 119쪽

황태 제육볶음
감칠맛 좋은 황태를 돼지고기와 함께 볶아
밥반찬으로 최고, 황태 제육볶음

⋯→ 120쪽

김치 제육볶음
맛있는 김치, 기름이 적은 돼지고기
불고기용을 빠르게 볶은 김치 제육볶음

⋯→ 121쪽

제육전골 _레시피 116쪽

더덕 제육볶음 _레시피 117쪽

제육전골

🕐 **25~30분**
△ **2~3인분**

- 돼지고기 불고기용 300g
- 느타리버섯 3줌
  (또는 모듬 버섯, 150g)
- 대파 10cm
- 청양고추 1개
  (다른 고추로 대체 또는 생략)
- 홍고추 1개(생략 가능)
- 당면 1/2줌(50g)
- 식용유 1큰술

양념
- 다진 양파 5큰술
  (양파 1/4개분, 50g)
- 다진 마늘 1과 1/2큰술
- 양조간장 2와 1/2큰술
- 새우젓 1/2큰술
- 올리고당 1큰술
- 소금 1/2작은술
- 후춧가루 약간

국물
- 국물용 멸치 25마리(25g)
- 다시마 5×5cm 3장
- 물 3컵(600㎖)

응용법

당면 대신 동량(50g)의 쫄면을
더해도 좋아요.
가닥가닥 뜯은 쫄면을 과정
⑧에서 느타리버섯과 함께 넣고
끓이면 돼요.

1
당면은 찬물에 30분간 불린다.
돼지고기는 3cm 두께로 썬다.

2
큰 볼에 양념 재료를 넣고 섞은 후
돼지고기를 넣고 버무려 10분간
둔다.

3
달군 냄비에 멸치를 넣고
중간 불에서 1분간 볶는다.
＊내열용기에 펼쳐 담아
전자레인지에서 1분간 돌려도 좋다.

4
나머지 국물 재료를 넣고 중약 불에서
25분간 끓인 후 멸치, 다시마를
건져낸다. 국물은 볼에 덜어둔다.
＊완성된 국물의 양은 2컵(400㎖)이며
부족한 경우 물을 더한다.

5
느타리버섯은 가닥가닥 뜯는다.

6
대파, 청양고추, 홍고추는
0.5cm 두께로 어슷 썬다.

7
달군 냄비에 식용유를 두르고
②를 넣어 센 불에서 4분간 볶는다.
④의 국물 2컵(400㎖)을 넣고
중간 불로 줄여 5분간 끓인다.

8
느타리버섯, 대파, 청양고추,
홍고추, 당면을 넣고 익을 때까지
3~5분간 끓인다.

더덕 제육볶음

⏱ **25~30분**
△ **2~3인분**

- 돼지고기 삼겹살(또는 목살) 300g
- 더덕 8개(160g)
- 식용유 2큰술

양념
- 설탕 1큰술
- 고춧가루 1큰술
- 다진 마늘 1큰술
- 다진 파 2큰술
- 물 1큰술
- 양조간장 1/2큰술
- 된장 3큰술(염도에 따라 가감)
- 고추장 2큰술
- 올리고당 1큰술

응용법

더덕 제육볶음을 잘게 다진 후 따뜻한 밥과 섞어 한입 크기의 주먹밥으로 즐겨도 좋아요.

1
더덕은 위생장갑을 끼고 윗부분을 제거한다. * 더덕의 끈적이는 성분은 세척이 어려우므로 위생장갑을 끼고 한다.

2
작은 칼로 껍질을 돌려가며 벗긴다.

3
4cm 길이로 썬 후 두꺼운 부분은 길이로 2~4등분한다. * 껍질 벗긴 더덕은 손질 없이 바로 썰어 사용한다.

4
삼겹살은 4cm 크기로 썬다.

5
큰 볼에 양념 재료를 섞은 후 2큰술을 덜어 더덕과 버무리고, 남은 양념은 삼겹살과 버무린다.

6
달군 팬에 식용유를 두르고 삼겹살을 넣어 중간 불에서 3~4분간 볶는다.
* 양념이 많이 튀니 조심한다.

7
더덕을 넣고 중간 불로 줄여 3~4분간 볶는다. * 약한 불로 줄여 2~3분간 더 볶아 더덕의 식감을 취향에 따라 조절해도 좋다.

🕐 **15~20분**
△ **2~3인분**

- 대패 삼겹살 200g
- 숙주 4줌(200g)
- 어슷 썬 대파 15cm 분량
- 어슷 썬 청양고추 3개
  (기호에 따라 가감)
- 고추기름(또는 식용유) 2큰술
- 깻잎 10장
- 소금 1/3작은술

밑간
- 청주(또는 소주) 2큰술
- 소금 약간

양념
- 고춧가루 3큰술
- 설탕 1큰술
- 물 2큰술
- 양조간장 1과 1/2큰술
- 다진 마늘 1큰술
- 참기름 1큰술

응용법
숙주 대신 동량(200g)의 콩나물로
대체해도 좋아요. 과정 ③에서
볶는 시간을 4분으로 늘리세요.

숙주 제육볶음

1
대패 삼겹살은 밑간과 버무린다.
깻잎은 돌돌 말아 채 썬다.
다른 볼에 양념 재료를 섞는다.

2
달군 팬에 고추기름, 대파를 넣고
중약 불에서 1분간 볶는다.
①의 대패 삼겹살을 넣고
중간 불로 올려 2분,
청양고추, 양념을 넣고
2분간 볶은 후 덜어둔다.

3
팬을 닦은 후 숙주, 소금을 넣고
센 불에서 2분간 볶은 후
불을 끈다.

4
③의 팬에 ②의 고기를 넣고
한번 버무린 다음 깻잎을 올린다.

⏱ **20~25분**
△ **2~3인분**

- 돼지고기 불고기용 200g
- 모둠 버섯 300g
- 양파 1/4개(50g)
- 대파 15cm
- 식용유 1큰술
- 후춧가루 약간

쌈장 양념
- 고춧가루 1큰술
- 다진 마늘 1큰술
- 청주(또는 소주) 1큰술
- 양조간장 1/2큰술
- 올리고당 1큰술
- 된장 1큰술(염도에 따라 가감)
- 고추장 1/2큰술

응용법

돼지고기 불고기용은
동량(200g)의 대패 삼겹살로
대체해도 좋아요.

쌈장 버섯 제육볶음

1
돼지고기는 키친타월로 감싸
핏물을 없앤 후 한입 크기로 썬다.
쌈장 양념과 버무려 10분간 둔다.

2
모둠 버섯은 한입 크기로 썰거나
가닥가닥 뜯는다.
양파는 0.5cm 두께로 썰고,
대파는 송송 썬다.

3
달군 팬에 식용유, 돼지고기, 양파를
넣고 중간 불에서 5분간 볶는다.

4
버섯을 넣고 센 불로 올려 3분,
대파, 후춧가루를 넣고 1분간 볶는다.

🕐 **20~25분(+ 고기, 황태채 재우기 30분)**
△ **2~3인분**
🔒 **냉장 3~4일**

- 돼지고기 불고기용 200g
- 황태채 2컵(또는 북어채, 40g)
- 양파 1/2개(100g)
- 대파 15cm
- 청양고추 1개
- 식용유 2큰술
- 참기름 1/2큰술

양념
- 고춧가루 2와 1/2큰술
- 설탕 2큰술
- 다진 마늘 1큰술
- 양조간장 1큰술
- 고추장 1큰술
- 된장 1작은술(염도에 따라 가감)
- 물 1/2컵(100㎖)
- 후춧가루 약간

응용법

달군 팬에 밥, 잘게 다진 황태
제육볶음 적당량 + 들기름 약간 +
김가루 약간을 볶아 볶음밥으로
즐겨도 좋아요.

황태 제육볶음

1

양파는 0.5cm 두께로 썰고,
대파, 청양고추는 어슷 썬다.
황태채는 가위를 이용해
먹기 좋은 크기로 자른다.

2

돼지고기는 키친타월로 감싸
핏물을 없앤 후 한입 크기로 썬다.

3

큰 볼에 양념 재료를 섞은 후
돼지고기, 황태채를 넣어 버무린
다음 30분간 둔다.

4

달군 팬에 식용유, ③, 양파, 대파,
청양고추를 넣고 중약 불에서
5~6분간 볶는다. 참기름을 넣고
센 불에서 2~3분간 볶는다.
＊센 불에서 양념이 탈 것 같다면
불 세기를 중간 불로 줄여도 좋다.

덮밥으로 즐기기 응용

🕐 **20~25분**
△ **2~3인분**
🔒 **냉장 2일**

- 돼지고기 불고기용 200g
- 익은 배추김치 2/3컵(100g)
- 양파 1/2개(100g)
- 어슷 썬 대파 10cm 분량
- 어슷 썬 청양고추 1개(생략 가능)
- 식용유 1큰술
- 참기름 1작은술
- 후춧가루 약간

양념
- 설탕 1큰술
- 다진 마늘 1/2큰술
- 물 1큰술
- 청주(또는 소주) 1큰술
- 고추장 1큰술
- 고춧가루 1작은술
- 양조간장 1작은술

응용법
따뜻한 밥에 김치 제육볶음 적당량
+ 참기름 약간을 곁들여
덮밥으로 즐겨도 좋아요.

김치 제육볶음

1
돼지고기는 키친타월로 감싸
핏물을 없앤 후 한입 크기로 썬다.
볼에 양념 재료를 넣어 섞은 후
돼지고기를 넣고 버무려
10분간 둔다.

2
양파는 1cm 두께로 썬다.
김치는 양념을 가볍게 털어내고
한입 크기로 썬다.

3
달군 팬에 식용유를 두르고
김치를 넣어 중간 불에서
1분 30초간 볶는다.
돼지고기를 넣어 3분,
양파를 넣고 2분간 볶는다.

4
대파, 청양고추를 넣고 센 불에서
30초간 볶는다. 불을 끄고
참기름, 후춧가루를 넣어 섞는다.

수육 4가지 레시피

갈비찜 & 고기찜 6가지 레시피

생강 수육조림 _레시피 124쪽

구운 수육 & 연근샐러드 _레시피 125쪽

생강 수육조림

⏱ **1시간~1시간 10분**
△ **3~4인분**

- 통삼겹살 1덩이(또는
  수육용 앞다리살, 목살, 500g)
- 대파 20cm 2대
- 다진 생강 1작은술
  (또는 생강채 5g)
- 식용유 1큰술

통삼겹살 삶는 물
- 대파(푸른 부분) 20cm 3대
- 청주(또는 소주) 3큰술
- 된장 2큰술
- 커피가루 1작은술
- 물 8컵(1.6ℓ)

소스
- 설탕 1과 1/2큰술
- 청주 3큰술
- 양조간장 2와 1/2큰술

응용법

콩나물 부추냉채(21쪽)를
곁들여도 좋아요.

1
냄비에 통삼겹살 삶는 물 재료를
넣고 센 불에서 끓인다.

2
①의 끓는 물에 삼겹살을 넣고
센 불에서 끓어오르면
뚜껑을 덮어 중약 불로 줄여
45~50분간 삶는다.

3
삼겹살은 건져 한 김 식힌 후
1cm 두께로 썬다.
＊한 김 식힌 후 썰어야
고기가 부서지지 않는다.

4
볼에 소스를 섞는다.
대파는 가늘게 어슷 썬다.

5
달군 팬에 ③을 넣고 중간 불에서
뒤집어가며 3분간 노릇하게
구운 후 팬의 한쪽으로 밀어둔다.

6
팬의 한쪽에 식용유, 대파,
다진 생강을 넣고 중간 불에서
2분간 볶는다.

7
소스를 넣고 중간 불에서 5분간
소스가 자작해질 때까지
모든 재료를 저어가며 조린다.

구운 수육 & 연근샐러드

⏱ **1시간 10분~1시간 20분**
🍽 **3~4인분**

- 통삼겹살 1덩이(또는
  수육용 앞다리살, 목살, 500g)
- 연근 지름 5cm, 길이 10cm
  1개(약 150g)
- 대파 30cm
  (또는 시판 대파채, 50g)

통삼겹살 삶는 물
- 대파(푸른 부분) 20cm 3대
- 청주(또는 소주) 3큰술
- 된장 2큰술
- 커피가루 1작은술
- 물 8컵(1.6ℓ)

통깨 소스
- 다진 통깨 4큰술
- 생수 5큰술
- 식초 3큰술
- 양조간장 2큰술
- 올리고당 1큰술

응용법

통깨 소스에 연겨자 1작은술을
넣어 알싸하게 즐겨도 좋아요.

1
냄비에 통삼겹살 삶는 물 재료를
넣고 센 불에서 끓인다.

2
달군 팬에 기름을 두르지 않은 채
통삼겹살을 올린다.
＊팬의 크기에 따라 나눠 굽거나
2등분해서 구워도 좋다.

3
통삼겹살을 사방으로 돌려가며
4~5분간 겉면만 노릇하게 굽는다.
＊껍질쪽을 구울 때 기름이 많이
튈 수 있으니 조심한다.

4
①의 끓는 물에 삼겹살을 넣고
센 불에서 끓어오르면
뚜껑을 덮어 중약 불로 줄여
45~50분간 삶는다.

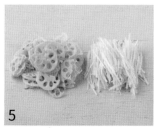

5
연근은 필러로 껍질을 벗긴 후
0.3cm 두께로 최대한 얇게 썬다.
대파는 5cm 길이로 썬 다음
가늘게 채 썬다. ＊연근을 생으로
먹는 것이 부담스럽다면 썰어서
끓는 물(4컵)에서 30초간 데친 후
찬물에 헹궈 사용해도 좋다.

6
볼에 ⑤의 대파, 찬물을 담고
손으로 바락바락 주물러 씻는다.
다시 찬물에 10분간 담가
매운맛을 뺀 후 그대로
체에 밭쳐 물기를 뺀다.

7
볼에 통깨 소스 재료를 모두 넣고
섞은 후 ⑤의 연근을 넣어 버무린다.

8
삼겹살은 건져 한 김 식힌 후
1cm 두께로 썬다.
그릇에 모든 재료를 담는다.
＊한 김 식힌 후 썰어야
고기가 부서지지 않는다.

🕐 **1시간 10분~1시간 15분**
△ **3~4인분**

- 통삼겹살 2덩이
  (또는 수육용 앞다리살, 목살, 1kg)

파인애플 소스
- 통조림 파인애플 100g
- 설탕 1/2큰술
- 식초 1큰술
- 소금 2/3작은술
- 연겨자 1작은술(기호에 따라 가감)

통삼겹살 삶는 물
- 대파(푸른 부분) 20cm 3대
- 청주(또는 소주) 3큰술
- 된장 2큰술
- 커피가루 1작은술
- 물 8컵(1.6ℓ)

응용법

부추 2줌(100g)을 한입 크기로
썰어서 곁들여도 좋아요.

파인애플 소스 삼겹살수육

1

냄비에 통삼겹살 삶는 물 재료를
넣고 센 불에서 끓인다.

2

①의 끓는 물에 삼겹살을 넣고
센 불에서 끓어오르면
뚜껑을 덮어 중약 불로 줄여
45~50분간 삶는다.

3

믹서에 파인애플 소스 재료를
넣어 곱게 간다.

4

삼겹살은 건져 한 김 식힌 후
1cm 두께로 썬다.
그릇에 모든 재료를 담는다.
＊한 김 식힌 후 썰어야
고기가 부서지지 않는다.

🕐 20~25분
◁ 2~3인분

- 대패 삼겹살(또는 불고기용) 400g
- 참나물 3줌(150g)

삼겹살 삶는 물
- 대파(푸른 부분) 20cm 2대
- 청주(또는 소주) 1큰술
- 된장 1큰술
- 물 5컵(1ℓ)

양념
- 통깨 1큰술
- 고춧가루 1/2큰술
- 다진 양파 3큰술(1/6개분)
- 식초 2큰술
- 양조간장 2큰술
- 참기름 1큰술
- 올리고당 2큰술
- 연와사비 1작은술
- 다진 마늘 1작은술
- 소금 약간

응용법

참나물은 동량(150g)의 다른
쌈채소나 영양부추, 깻잎 등으로
대체해도 좋아요.

참나물 수육무침

1
냄비에 삼겹살 삶는 물 재료를 넣고
센 불에서 끓어오르면
대패 삼겹살을 넣는다.
센 불에서 2~3분간 삶은 후
체에 밭쳐 물기를 뺀다.

2
볼에 양념 재료를 넣어 섞는다.
삶은 대패 삼겹살을 넣고
버무린다. ＊대패 삼겹살이
따뜻할 때 버무려야 양념이
잘 밴다.

3
참나물은 시든 잎을 떼어내고
한입 크기로 썬다.

4
그릇에 참나물을 담고
②의 고기를 올린다.

단호박 떡갈비찜

⏱ 50~60분
(+ 고기 핏물빼기 3시간,
고기 양념에 재우기 1일)

△ 3~4인분

🗄 냉장 2일

- 찜용 소갈비 1kg
- 무 지름 1cm, 두께 2cm(200g)
- 단호박 1/2개(400g)
- 표고버섯 6개(150g)
- 대추 30알(60g)
- 가래떡 20cm
- 물 3/4컵(150㎖)

양념
- 배 1/2개(300g)
- 양파 1개(200g)
- 대파 20cm
- 마늘 10쪽(50g)
- 생강 1톨
  (또는 다진 생강 1작은술, 5g)
- 설탕 5큰술
- 물엿 3큰술(또는 꿀, 올리고당)
- 청주 2큰술
- 양조간장 3/4컵(150㎖)
- 참기름 1큰술
- 후춧가루 1작은술

응용법
- 단호박 대신 동량(400g)의 고구마, 밤으로 대체해도 좋아요.
- 양념의 물엿을 꿀로 대체할 경우, 아카시아꿀을 추천해요. 잡화꿀은 특유의 향이 강해서 요리의 맛을 해칠 수 있답니다.

1
소갈비에 붙어 있는 기름기를 도려낸다.

2
칼끝으로 살 부분에 깊숙하게 콕콕 찔러준다.

3
소갈비는 찬물에 담가 2~3회 중간중간 물을 갈아가며 3시간 이상 핏물을 뺀다. 체에 밭쳐 물기를 없앤다.

4
믹서에 양념 재료를 넣어 곱게 간 다음 소갈비와 버무려 1일 이상 재운다.
＊최소 3시간 이상은 재워야 고기가 부드럽고 양념이 잘 밴다.

5
무는 2cm 두께로 썬 후 6등분한 다음 모서리를 둥글게 깎는다. 단호박은 한입 크기로 썬다.
＊모서리를 둥글게 깎으면 익는 도중 서로 부딪혀도 부서짐이 덜하다. 이 과정은 생략해도 좋다.

6
표고버섯은 밑동을 떼어내고 4등분한다. 가래떡은 한입 크기로 썬다. ＊가래떡이 딱딱할 경우 끓는 물에 말랑해질 때까지 데친 후 사용한다.

7
큰 냄비에 ④와 물 3/4컵(150㎖)를 넣고 센 불에서 끓어오르면 떠오르는 거품을 걷어가며 10분간 끓인다. 무, 대추 1/2분량을 넣고 뚜껑을 덮어 약한 불에서 20분간 끓인다.

8
단호박, 남은 대추, 표고버섯을 넣어 뚜껑을 덮고 10분, 가래떡을 넣고 뚜껑을 열고 5분간 익힌다.

🕐 **30~40분(+ 고기 핏물빼기 1시간)**
🍽 **2~3인분** 🅖 **냉장 2일**

- LA갈비 500g
- 표고버섯 3개(75g)
- 당근 1/3개(약 65g)
- 양파 1/2개(100g)
- 마늘 5쪽(25g)

고기 데칠 물
- 청주(또는 소주) 2큰술
- 된장 1큰술
- 마늘 3쪽(15g)
- 대파 15cm
- 물 5컵(1ℓ)

양념
- 설탕 1과 1/2큰술
- 맛술 1큰술
- 물 2와 1/2컵(500mℓ)
- 양조간장 6큰술
- 올리고당 1큰술

응용법

가스 압력솥으로 만들면 더 부드럽게
즐길 수 있어요. 압력솥에 과정 ③, 마늘,
양념을 넣고 뚜껑을 덮어요. 센 불에서
끓어오르면서 추가 흔들리면 약한 불로
줄여 15분간 익혀요. 불을 끄고 김이
빠지면 뚜껑을 열어 표고버섯, 당근,
양파를 넣어 중간 불에서 10분간 끓여요.

LA갈비찜

1
LA갈비는 찬물에 담가 중간중간
물을 갈아가며 1시간 이상
핏물을 없앤다. 냄비에
고기 데칠 물 재료를 넣어 끓인다.

2
표고버섯, 당근, 양파는
한입 크기로 썬다.

3
①의 끓는 물에 LA갈비를 넣고
센 불에서 다시 끓어오르면
3분간 데친다.
물기를 빼고 2~3등분한다.

4
냄비에 LA갈비, 당근, 마늘, 양념을
넣고 센 불에서 끓어오르면 뚜껑을 덮고
중간 불로 줄여 10~13분간 끓인다.
표고버섯, 양파를 넣고 뚜껑을 덮은
다음 10분간 끓인다.

🕐 40~45분
△ 3~4인분
🔲 냉장 2일

- 쇠고기 스테이크용 800g
  (두께 1.5cm, 또는 등심, 안심)
- 방울토마토 12~13개
  (또는 토마토 1과 1/4개, 200g)
- 파프리카 1개(200g)
- 양송이버섯 6개
  (또는 다른 버섯, 120g)
- 양파 1/2개(100g)
- 마늘 10쪽(50g)
- 통조림 홀토마토 2캔(800g)
- 굴소스 3큰술
- 고추장 1큰술
- 올리브유 2큰술
- 통후추 간 것 약간
- 소금 1작은술

응용법

스파게티 1줌(70g)을 포장지에
적힌 시간대로 삶은 후
마지막에 더해도 좋아요.

토마토 쇠고기찜

1
쇠고기는 키친타월로 감싸
핏물을 없앤다. 쇠고기, 파프리카,
양송이버섯, 양파는 한입 크기로
썰고, 마늘은 2등분한다.

2
달군 깊은 냄비에 올리브유를
두르고 마늘을 넣어 1분간
중약 불에서 볶는다.

3
쇠고기를 넣어 센 불에서
6~8분간 볶는다.

4
방울토마토, 양파, 홀토마토, 굴소스,
고추장을 넣고 5분간 저어가며 끓인다.
끓어오르면 파프리카, 양송이버섯,
통후추 간 것을 넣고 뚜껑을 덮어
중간 불에서 16~20분간 푹 익힌다.
소금으로 간을 더한다.

콩나물 등갈비찜

⏱ **1시간 50분~2시간**
◠ **3~4인분**
🗄 **냉장 3~4일**

- 등갈비 1kg
- 콩나물 6줌(300g)
- 마늘 15쪽(75g)
- 청양고추 2개(기호에 따라 가감)
- 대파 30cm
- 물 5컵(1ℓ)

양념
- 양파 1/2개(100g)
- 통조림 파인애플 1개
  (또는 배, 100g)
- 홍고추 2개
- 물 1컵(200㎖)
- 고춧가루 4큰술
- 설탕 3큰술
- 다진 마늘 4큰술
- 양조간장 5큰술
- 고추장 1큰술
- 참기름 2큰술
- 후춧가루 1/2작은술

응용법

우동면을 더해도 좋아요.
끓는 물에 우동면 1팩(200g)을
넣고 센 불에서 포장지에 적힌
시간대로 삶아주세요.
마지막에 더하면 돼요.

1

등갈비는 한 조각씩 썬 후
끓는 물(6컵)에 넣고 끓어오르면
5분간 데친다.
체에 밭쳐 물기를 뺀 후
흐르는 물에서 불순물을 씻는다.

2

양파, 파인애플, 홍고추는 한입
크기로 썬 후 물 1컵(200㎖)과 함께
푸드프로세서에 넣고 1분간 곱게
간다. 냄비에 나머지 양념 재료와
함께 넣고 섞는다.

3

②에 등갈비, 물 5컵(1ℓ)을 넣고
센 불에서 끓어오르면 약한 불로
줄여 뚜껑을 덮고 1시간 20분간
끓인다. 이때, 중간중간 저어준다.

4

콩나물은 체에 밭쳐 흐르는 물에
씻은 후 그대로 물기를 뺀다.
마늘은 2등분하고,
청양고추, 대파는 어슷 썬다.

5

③의 냄비에 마늘, 청양고추를 넣고
중약 불에서 중간중간 저어가며
13~15분간 끓인다.

6

콩나물, 대파를 넣고 뚜껑을 덮어
약한 불에서 4~5분간 익힌다.
＊익히는 동안 뚜껑을 계속 덮어야
콩나물 특유의 비린내가 나지 않는다.

🕐 **50~55분**
◻ **3~4인분**
🗄 **냉장 3~4일**

- 돼지고기 앞다리살 1kg
- 꽈리고추 20개(100g)

양념
- 설탕 4와 1/3큰술
- 다진 대파 2큰술
- 다진 마늘 1큰술
- 양조간장 7과 1/2큰술
- 물엿 2큰술(또는 올리고당, 꿀)
- 다진 생강 1작은술
- 물 2컵(400㎖)

 응용법

꽈리고추 대신 대파(흰 부분)
30cm를 2cm 길이로 썰어서
더하면 아이용으로
맵지 않게 만들 수 있어요.

꽈리고추 돼지고기찜

1
돼지고기는 키친타월로 감싸
핏물을 없앤 후 5×5cm 크기로
큼직하게 썬다. 앞뒤로 칼집을
2~3회 낸다.

2
꽈리고추는 포크로 2~3군데 찔러
구멍을 낸다. ＊구멍을 내면
속까지 양념이 잘 밴다.

3
깊은 냄비에 돼지고기, 양념 재료를
넣고 센 불에서 끓어오르면 5분,
약한 불로 줄여 뚜껑을 덮고 13분,
뚜껑을 열고 센 불에서
양념이 자박해질 때까지
15~18분간 저어가며 끓인다.

4
꽈리고추를 넣고
센 불에서 2분간 끓인다.

🕐 1시간~1시간 10분
△ 3~4인분
🧊 냉장 2~3일

- 돼지갈비 1kg
- 삶은 시래기 300g
  (말린 시래기 60g을 익힌 것)
- 물 5컵(1ℓ)

시래기 밑간
- 다진 마늘 1큰술
- 된장 2큰술

양념
- 고춧가루 3큰술
- 다진 파 2큰술
- 다진 마늘 1큰술
- 양조간장 2큰술
- 청주 2큰술
- 올리고당 2큰술
- 고추장 2큰술
- 소금 1과 1/2작은술
- 다진 생강 1작은술

응용법

삶은 시래기는 통조림 제품이나
마트 신선식품 코너에서 구입할 수
있어요.

시래기 돼지갈비찜

1
돼지갈비에 붙어 있는 기름기를
도려내고, 살 부분에 깊게
칼집낸다. 고기 삶을 물(10컵)을
끓인다.

2
①의 끓는 물에 돼지갈비를 넣고
중간 불에서 끓어오르면
5분간 데친 후
체에 밭쳐 물기를 없앤다.

3
삶은 시래기는 약간 수분이 있도록
물기를 짠 다음 7cm 길이로 썰어
밑간과 버무린다.
삶은 돼지갈비는 양념 재료와 버무려
10분간 재운다.

4
냄비에 ③의 돼지갈비, 시래기,
물 5컵(1ℓ)을 붓는다.
센 불에서 끓어오르면 뚜껑을 덮고
중간 불로 줄여 10분, 중약 불로 줄여
10분, 약한 불로 줄여 15분간 끓인다.

찜닭 4가지 레시피

땡초찜닭
와인 양념에 졸인 닭다리에
매콤한 고추를 팍팍 더한
땡초찜닭

··→ 137쪽

매콤 카레찜닭
고구마, 피망, 당면,
닭다리살까지 듬뿍~ 카레의
향이 느껴지는 매콤 카레찜닭

··→ 137쪽

부추찜닭
닭볶음탕용 닭을 이용해
더 간편하고, 닭, 부추를 푹 익혀
양념장에 찍어 먹으면 참 맛있는
보양식 찜닭

··→ 140쪽

로제찜닭
생크림, 토마토 소스를 더한
로제소스에 큼직하게 썬 채소,
닭다리살을 넣은 로제찜닭

··→ 141쪽

닭볶음탕 4가지 레시피

미나리 닭볶음탕
가장 기본에 충실한 매콤한
양념을 더한, 미나리로 특별한
향까지 느껴지는 닭볶음탕

··→ 142쪽

홍합 닭볶음탕
홍합이 가진 감칠맛, 닭의
쫄깃함을 한번에 맛볼 수 있는
홍합 닭볶음탕

··→ 144쪽

부대 닭볶음탕
입맛 살리는 부대찌개 양념에
닭, 김치, 콩나물, 햄까지
가득 담은 닭볶음탕

··→ 146쪽

낙지 닭볶음탕
낙지 한 마리를 통째로 더해
쫄깃한 식감이 가득한
낙지 닭볶음탕

··→ 147쪽

땡초찜닭 _레시피 138쪽

매콤 카레찜닭 _레시피 139쪽

땡초찜닭

⏱ **45~50분**
△ **3~4인분**
🍱 **냉장 3~4일**

- 닭다리 1kg
  (또는 닭볶음탕용)
- 감자 1개(200g)
- 양파 1/2개(100g)
- 당근 1/2개(100g)
- 대파 20cm
- 마늘 20쪽(100g)
- 홍고추 2개
- 청양고추 6개(기호에 따라 가감)
- 올리브유 1큰술(또는 식용유)
- 통후추 간 것 약간

밑간
- 레드와인 1/2컵
  (달지 않은 것, 100㎖)
- 양조간장 1큰술
- 소금 1작은술

양념
- 양조간장 1/2컵(100㎖)
- 레드와인 1/2컵
  (달지 않은 것, 100㎖)
- 설탕 3큰술

> **응용법**
>
> 떡볶이 떡 1컵(150g)을 물에 데쳐
> 말랑하게 만든 후 마지막에
> 함께 넣어도 좋아요.

1

닭다리는 두꺼운 살 부분에
칼끝으로 4~5회 찔러 칼집을 낸다.
밑간과 버무려 15분간 둔다.
＊칼집을 뼈 가까이로 내면
양념이 더 잘 밴다.

2

양파는 한입 크기로 썰고,
당근은 1cm 두께의 반달 모양으로
썬다. 감자는 1cm 두께로 동그란
모양으로 썬다. 홍고추, 청양고추는
1cm 두께로 송송 썰고,
대파는 2cm 두께로 썬다.

3

작은 볼에 양념 재료를 넣고 섞는다.

4

깊은 팬을 센 불로 달궈 올리브유를
두르고 ①의 닭다리를 넣어
앞뒤로 각각 3~5분씩 노릇하게 굽는다.

5

양념, 고추, 통후추 간 것을 넣고
중간 불에서 3분 30초간 볶는다.

6

감자, 양파, 당근, 대파, 마늘을 넣고
센 불에서 끓어오르면 약한 불로
줄여 뚜껑을 덮어 15분간 끓인다.
＊감자를 닭다리의 아래쪽으로
넣으면 더 푹 익힐 수 있다.

7

닭다리를 뒤집은 후 뚜껑을 덮어
10분간 끓인 다음 뚜껑을 열고
국물을 끼얹어가며 센 불에서
5~7분간 끓인다.
＊닭을 뒤집고 국물을 끼얹어야
양념이 골고루 잘 밴다.

매콤 카레찜닭

🕐 45~50분
(+ 당면 불리기 1시간)
⛰ 3~4인분
🔒 냉장 3~4일

- 닭다리살 5쪽
  (또는 닭가슴살, 500g)
- 고구마 1개
  (또는 감자, 200g)
- 피망 1개
  (또는 양파, 100g)
- 당면 1/2줌(50g)
- 어슷 썬 대파 20cm
- 어슷 썬 청양고추 2개(생략 가능)
- 식용유 1큰술
- 후춧가루 약간

밑간
- 청주(또는 소주) 1큰술
- 소금 1/2작은술
- 다진 마늘 1과 1/2작은술

양념
- 설탕 1/2큰술
- 고춧가루 1큰술
- 카레가루 4큰술
- 양조간장 1큰술
- 물 2컵(400㎖)

응용법

청양고추, 고춧가루를 생략하고,
순한맛 카레가루를 이용하면
아이용으로 맵지 않게 만들 수
있어요.

1
볼에 당면, 잠길 만큼의 물을 담고
1시간 이상 불린 다음 체에 밭쳐
물기를 뺀다. 가위를 사용해
5~6cm 길이로 자른다.

2
닭다리살은 열십(+) 자로 4등분한다.

3
닭다리살, 밑간 재료를 버무려
10분간 둔다.

4
고구마는 2등분한 후
1.5cm 두께로 썬다.
피망은 한입 크기로 썬다.
볼에 양념 재료를 넣고 섞는다.

5
깊은 팬을 달궈 식용유를 두르고
대파, 청양고추를 넣어
중간 불에서 1분, 닭다리살을 넣어
3분간 볶는다.

6
고구마를 넣고 센 불에서 1분간
볶는다. ④의 양념을 넣고
끓어오르면 중약 불로 줄여
15분간 저어가며 끓인다.

7
피망, 당면을 넣고 중간 불에서
3분간 볶는다. 불을 끄고 후춧가루를
넣어 섞는다.

🕐 **55~60분**
⌒ **3~4인분**

- 닭볶음탕용 1팩(1kg)
- 부추 6줌(또는 쪽파, 150g)
- 마늘 5쪽(25g)

양념장
- 송송 썬 대파 15cm 분량
- 고춧가루 2큰술
- 양조간장 1과 1/2큰술
- 생수 2큰술
- 설탕 1작은술
- 다진 마늘 1작은술
- 연겨자 1작은술(기호에 따라 가감)
- 후춧가루 약간

응용법
- 부추 대신 동량(150g)의 쪽파로 대체해도 좋아요.
- 전복 4마리를 손질(10쪽)한 후 과정 ④에서 부추와 함께 넣고 익혀도 좋아요.

부추찜닭

1
부추는 2등분하고, 마늘은 편 썬다.
볼에 양념장 재료를 섞는다.
찜기에 물(4컵) + 청주(3큰술)을
넣어 뚜껑을 덮고 끓인다.

2
찜기에 김이 오르면
닭을 최대한 펼쳐 담는다.

3
마늘을 올리고 뚜껑을 덮어
40~50분간 닭이 완전히 익도록
찐다. * 익히는 도중 닭을 한번
뒤섞어도 좋다.

4
부추를 올린 후 다시 뚜껑을 덮어
3~5분간 찐다.
양념장을 곁들인다.

🕐 **25~30분**
⌒ **3~4인분**

- 닭다리살 5쪽
  (또는 닭가슴살, 500g)
- 양파 1개(200g)
- 당근 1/2개(100g)
- 감자 1개(200g)
- 어슷 썬 청양고추 1개
- 마늘 10개(50g)
- 식용유 1큰술
- 소금 약간

소스
- 시판 토마토 스파게티 소스
  1과 1/2컵(300㎖)
- 생크림 1과 1/2컵(300㎖)
- 소금 약간

응용법
달군 팬에 또띠야를 넣고 앞뒤로
뒤집어가며 살짝 구운 후
곁들여도 좋아요.

로제찜닭

1
양파는 반으로 썬 후 4등분한다.
감자, 당근은 모양대로
1cm 두께로 썬다.

2
닭다리살은 2등분한다.
볼에 소스 재료를 넣어 섞는다.

3
깊은 팬을 달궈 식용유를 두르고
마늘을 넣어 중약 불에서 1분간
볶는다. 닭다리살의 껍질 부분이
팬에 닿게 넣어 중간 불에서
3분간 굽고 뒤집는다.

4
양파, 당근, 감자를 넣어 3분간 볶는다.
소스, 청양고추를 넣어
8~10분간 저어가며 익힌다.
소금으로 부족한 간을 더한다.

미나리 닭볶음탕

- 🕐 50~55분
- △ 3~4인분
- 🔟 냉장 2일

- 닭볶음탕용 1팩(1kg)
- 미나리 1과 1/2줌
  (또는 참나물, 깻잎, 냉이, 100g)
- 감자 1개(또는 고구마, 200g)
- 당근 1/4개(생략 가능, 50g)
- 대파 20cm
- 청양고추 2개
  (기호에 따라 가감)
- 물 3컵(600㎖)

양념
- 고춧가루 4큰술
- 설탕 2큰술
- 다진 마늘 2큰술
- 양조간장 3큰술
- 맛술 1큰술
- 고추장 2큰술
- 후춧가루 약간

응용법

달군 팬에 밥, 미나리 닭볶음탕 양념 적당량 + 들기름 약간 + 김가루 약간을 볶아 볶음밥으로 즐겨도 좋아요.

1
닭은 두꺼운 살 부분에 칼끝으로 4~5회 찔러 칼집을 낸다.
닭 데칠 물(7컵) + 청주(1큰술)을 끓인다.

2
①의 끓는 물(7컵) + 청주(1큰술)에 닭을 넣고 4분간 데친다.

3
뼈 사이의 불순물을 씻어낸 후 체에 받쳐 물기를 뺀다.

4
큰 볼에 양념 재료를 넣어 섞은 후 닭을 넣고 버무려 10분간 둔다.

5
감자, 당근은 2등분한 후 1cm 두께로 썰고,
대파, 청양고추는 어슷 썬다.
미나리는 5cm 길이로 썬다.

6
냄비에 ④, 물 3컵(600㎖)을 넣고 센 불에서 끓어오르면 뚜껑을 덮고 중약 불로 줄여 25분간 끓인다.
이때, 중간중간 섞어준다.

7
감자, 당근을 넣고 뚜껑을 덮어 중약 불에서 10분, 뚜껑을 열고 센 불로 올려 국물을 끼얹어가며 3분간 끓인다.

8
대파, 청양고추를 넣고 센 불에서 1분, 불을 끄고 미나리를 넣어 섞는다.

응용 당면 곁들이기

홍합 닭볶음탕

⏱ 50~55분
△ 3~4인분
🔲 냉장 2일

- 홍합 약 15~17개(300g)
- 닭볶음탕용 1팩(1kg)
- 양파 1/2개(100g)
- 대파 20cm
- 물 2컵(400㎖)
- 후춧가루 약간

양념
- 고춧가루 3큰술
- 다진 마늘 2큰술
- 양조간장 2큰술
- 올리고당 1과 1/2큰술
- 고추장 2큰술

응용법

당면 1/2줌(불리기 전, 50g)을 찬물에 30분간 불린 후 체에 밭쳐 물기를 뺀 다음 가위로 2등분해요. 과정 ⑦에서 홍합과 함께 넣고 익혀서 곁들여도 좋아요.

1
끓는 물(7컵) + 청주(1큰술)에 닭을 넣고 4분간 데친다. 뼈 사이의 불순물을 씻어낸 후 체에 밭쳐 물기를 뺀다.

2
홍합끼리 비벼가며 껍질 쪽의 불순물을 없앤다.

3
홍합이 물고 있는 긴 수염이 있다면 힘주어 당겨 뜯어낸다.

4
양파는 한입 크기로 썰고, 대파는 어슷 썬다.

5
냄비에 양념 재료를 넣고 섞은 후 닭을 넣어 버무려 10분간 둔다.

6
물 2컵(400㎖)을 넣고 센 불에서 끓어오르면 약한 불로 줄여 뚜껑을 덮는다. 중간중간 섞어가며 25분간 끓인다.

7
뚜껑을 열고 홍합, 양파를 넣어 약한 불에서 저어가며 5~7분간 홍합이 입을 벌리고 익을 때까지 끓인다.

8
대파를 넣고 1분간 끓인 후 후춧가루를 섞는다.

⏱ **50~55분** 🍲 **3~4인분** ⓕ **냉장 2일**

- 닭볶음탕용 1팩(1kg)
- 익은 배추김치 1컵(150g)
- 양파 1/2개(100g)
- 통조림 햄 200g(또는 다른 햄)
- 콩나물 4줌(200g)
- 어슷 썬 대파 20cm
- 어슷 썬 청양고추 2개 분량
- 시판 사골국물 4컵(무염, 800㎖)
- 김치국물 1/2컵(100㎖)

양념
- 고춧가루 6큰술
- 다진 마늘 1큰술
- 청주 1큰술
- 액젓(멸치 또는 까나리) 1큰술
- 국간장 1큰술
- 된장 1큰술(염도에 따라 가감)
- 설탕 1작은술
- 후춧가루 1/2작은술

응용법

끓는 물에 라면사리 1봉(110g)을
넣고 포장지에 적힌 시간대로
삶아주세요. 마지막에 더하면 돼요.

부대 닭볶음탕

1

닭은 손질한 후 데친다.
(143쪽 과정 ①~③)
양파, 햄, 배추김치는
한입 크기로 썬다.

2

냄비에 양념 재료를 넣고 섞은 후
닭을 넣고 버무려 10분간 둔다.

3

김치, 시판용 사골국물 4컵(800㎖),
김치국물을 넣고 뚜껑을 덮어
센 불에서 끓어오르면
중간 불로 줄여 25분간 끓인다.

4

양파, 햄, 콩나물, 대파, 청양고추를
넣고 중간 불에서 저어가며
5분간 끓인다.

🕐 **50~55분**
⌒ **3~4인분**
📦 **냉장 2일**

- 닭볶음탕용 1팩(1kg)
- 낙지 2~3마리(500g)
- 쪽파 5줄기(40g)
- 알배기배추 7장(손바닥 크기,
  또는 배추 잎 4장, 210g)
- 식용유 1큰술
- 물 3과 1/2컵(700㎖)

양념

- 고춧가루 3큰술
- 설탕 1큰술
- 다진 마늘 2큰술
- 양조간장 1과 1/2큰술
- 고추장 3큰술
- 참기름 1/2큰술
- 후춧가루 1/4작은술

응용법

칼국수면을 곁들여도 좋아요. 끓는
물에 생칼국수면 1봉(150g)을
넣고 포장지에 적힌 시간대로
삶은 후 마지막에 더하면 돼요.

낙지 닭볶음탕

1

닭은 손질한 후 데친다.
(143쪽 과정 ①~③)
양념 재료와 버무려 15분간 둔다.
쪽파, 알배기배추는 한입 크기로
썬다. 낙지는 손질한다.

＊낙지 손질하기 11쪽

2

큰 냄비를 달군 후 식용유,
①의 양념한 닭을 넣고
중간 불에서 3분간 볶는다.

3

물 3과 1/2컵(700㎖)을 붓고
센 불에서 끓어오르면 중간 불로
줄여 뚜껑을 덮고 25분간 끓인다.
알배기배추를 넣고 섞은 후
뚜껑을 덮어 3분간 끓인다.

4

닭고기, 알배기배추를 냄비의 한쪽으로
밀고 낙지, 쪽파를 넣어
3분간 끓인 후 불을 끈다.

닭갈비
4가지 레시피

간장 모둠 채소 닭갈비
짭조름한 간장 양념에 조리듯이 구운
닭다리살! 아이들도 잘 먹는 닭갈비

⋯→ 149쪽

강원도식 물닭갈비
자작한 국물, 향이 좋은 냉이, 부드러운 감자와
배추까지. 강원도식 물닭갈비

⋯→ 149쪽

해물 닭갈비
해물찜을 연상케하는 매콤하고
칼칼한 양념, 푸짐한 해물과 닭까지
맛볼 수 있는 해물 닭갈비

⋯→ 152쪽

까르보나라 닭갈비
생크림, 달걀노른자를 더해 부드럽고
고소한 맛이 참 좋은 까르보나라 닭갈비

⋯→ 153쪽

강원도식 물닭갈비 _레시피 151쪽

간장 모둠 채소 닭갈비 _레시피 150쪽

간장 모둠 채소 닭갈비

- ⏱ **20~25분**
- △ **2~3인분**
- 🧊 **냉장 2일**

- 닭다리살 4쪽
  (또는 닭가슴살, 400g)
- 모둠 채소 200g(고구마,
  대파, 양배추, 양파, 당근 등)
- 식용유 1큰술+ 식용유 1큰술
- 소금 1작은술

밑간
- 청주(또는 소주) 1큰술
- 소금 1/2작은술
- 통후추 간 것 약간

양념
- 양조간장 1큰술
- 마요네즈 1큰술
- 올리고당(또는 꿀, 물엿) 1큰술

응용법

떡볶이 떡 1컵(150g)을 물에 데쳐
말랑하게 만든 후 과정 ⑦에서
양념과 함께 넣어도 좋아요.

1
닭다리살은 껍질 쪽에 칼끝으로
4~5회 찔러 칼집을 낸다.

2
큼직하게 2~3등분으로 썬다.

3
닭다리살과 밑간을 섞는다.
다른 볼에 양념을 섞는다.

4
모듬 채소는 한입 크기로 썬다.

5
달군 팬에 식용유 1큰술을 두르고
모듬 채소, 소금을 넣고 센 불에서
3~4분간 노릇하게 구워 덜어둔다.

6
팬을 닦고 다시 달궈 식용유 1큰술을
두른 후 닭다리살 껍질이 팬에
닿도록 넣고 센 불에서 뒤집어가며
5분간 노릇하게 굽는다.

7
양념을 넣고 닭다리살을 뒤집어가며
2분간 조리듯이 굽는다.

8
⑤를 넣고 한번 더 버무리듯이
1분간 볶는다.

강원도식 물닭갈비

⏱ 50~55분
△ 3~4인분

- 닭다리살 5쪽(500g)
- 냉이 5줌(또는 미나리, 100g)
- 알배기배추 5장(손바닥 크기, 또는 배추 잎 3장, 150g)
- 양파 1/4개(50g)
- 대파 20cm
- 청양고추 2개
- 감자 1개(또는 고구마, 200g)
- 떡볶이 떡 1과 1/3컵(200g)

국물
- 국물용 멸치 25마리(25g)
- 다시마 5×5cm 3장
- 물 7컵(1.4ℓ)

밑간
- 고춧가루 1큰술
- 다진 마늘 1큰술
- 청주 1큰술
- 소금 1/4작은술
- 다진 생강 1작은술
- 고추장 1작은술
- 후춧가루 약간

국물 양념
- 고춧가루 2큰술
- 액젓(멸치 또는 까나리) 1큰술

응용법

우동면, 생소면, 라면사리 등을 더해도 좋아요. 과정 ⑧에서 알배기배추와 함께 넣고 면을 넣고 먼저 건져 먹어도 좋고요, 따로 삶은 후 마지막에 더해도 좋아요.

1 달군 냄비에 멸치를 넣고 중간 불에서 1분간 볶는다.
＊내열용기에 펼쳐 담아 전자레인지에서 1분간 돌려도 좋다.

2 나머지 국물 재료를 넣고 중약 불에서 25분간 끓인 후 멸치, 다시마를 건져낸다. ＊완성된 국물의 양은 6컵(1.2ℓ)이며 부족한 경우 물을 더한다.

3 닭다리살은 두꺼운 살 부분에 칼끝으로 4~5회 찔러 칼집을 낸다. 한입 크기로 썬 후 밑간과 버무려 30분간 재운다.

4 냉이는 시든 잎을 떼어낸 후 작은 칼을 이용해 뿌리 부분의 흙과 잔뿌리를 긁어낸다.

5 큰 볼에 냉이와 잠길 만큼의 물을 담아 흔들어 씻은 후 체에 밭쳐 물기를 뺀다.

6 알배기배추는 길이로 2등분한 후 4cm 두께로 썰고, 양파는 굵게 채 썬다. 대파, 청양고추는 어슷 썰고, 감자는 껍질째 모양대로 얇게 썬다.

7 ②의 냄비에 국물 양념, ③의 닭다리살, 감자, 떡볶이 떡을 넣고 센 불에서 끓어오르면 중간 불로 줄여 15분간 끓인다.

8 알배기배추, 양파를 넣어 5분, 대파, 청양고추, 냉이를 넣어 3분간 끓인다.
＊약한 불에서 끓이면서 먹어도 좋다.

⏱ **40~45분** 🍚 **2~3인분**

- 닭다리살 2쪽(200g)
- 낙지 1마리(140g)
- 새우 6마리(180g)
- 양배추 3장(손바닥 크기, 90g)
- 양파 1/2개(100g)
- 대파 20cm
- 청양고추 1개
- 식용유 1큰술

양념
- 고춧가루 2큰술
- 다진 마늘 1과 1/2큰술
- 청주 2큰술
- 양조간장 1과 1/3큰술
- 맛술 1과 1/2큰술
- 올리고당 3큰술
- 고추장 3과 1/2큰술
- 참기름 1큰술
- 통깨 1작은술
- 후춧가루 1/4작은술

응용법

달군 팬에 밥, 다진 해물 닭갈비 적당량 + 들기름 약간 + 김가루 약간을 볶아 볶음밥으로 즐겨도 좋아요.

볶음밥으로 즐기기 응용

해물 닭갈비

1

새우, 낙지는 손질한다.
닭다리살은 한입 크기로 썬다.
작은 볼에 양념 재료를 섞는다.

＊새우 껍데기 그대로 두고
손질하기 10쪽
＊낙지 손질하기 11쪽

2

양배추, 양파는 한입 크기로 썬다.
대파, 청양고추는 어슷 썬다.

3

달군 팬에 식용유를 두르고 대파를
넣어 약한 불에서 1분간 볶는다.
닭다리살의 껍질 부분이 팬에
닿도록 올린 후 양배추, 양파를 넣고
중간 불에서 1분간 볶는다.

4

중약 불로 줄인 후 중간중간 저어가며
5분간 볶는다. 양념, 낙지, 새우,
청양고추를 넣고 5분간 볶는다.

응용 스파게티로 즐기기

🕐 **25~30분**
△ **2~3인분**

- 닭다리살 3쪽
  (또는 닭가슴살, 300g)
- 양파 1/2개(100g)
- 양송이버섯 5개
  (또는 다른 버섯, 100g)
- 마늘 5쪽(25g)
- 청양고추 1개 (생략 가능)
- 달걀노른자 1개
- 생크림 1컵(200㎖)
- 소금 1작은술
- 식용유 1큰술
- 통후추 간 것 약간(생략 가능)

응용법

스파게티로 즐겨도 좋아요.
스파게티 1줌(70g)을 포장지에
적힌 시간대로 삶은 후
마지막에 더하면 돼요.

까르보나라 닭갈비

1
양파는 4등분한다. 양송이버섯은
모양을 살려 2~3등분한다.
마늘은 편 썬다. 청양고추는
송송 썬다. 닭다리살은 3등분한다.

2
달군 팬에 식용유를 두르고
닭다리살의 껍질 부분이
팬에 닿도록 넣어 중약 불에서
5~6분간 뒤집어가며 익힌다.

3
양파, 양송이버섯, 마늘을 넣어
센 불에서 2~3분간 볶는다.
청양고추, 생크림, 소금을 넣어
5분간 저어가며 익힌다.

4
달걀노른자, 통후추 간 것을 넣어
재빠르게 섞는다. ＊많이 되직하다면
생크림을 조금씩 더하면서 끓여
원하는 농도로 조절해도 좋다.

해물찜 & 해물볶음
6가지 레시피

오징어 삼겹살찜
해물 중에서 손질이 쉬운 편인 오징어,
고소한 맛의 삼겹살을 콩나물과 함께
푹 익힌 찜

··▶ 155쪽

알 콩나물찜
고소한 맛과 식감을 가진 동태알, 곤이로
만드는, 안주로 제격인 알 콩나물찜

··▶ 155쪽

주꾸미 삼겹살찜
제철이면 그 맛이 예술인 주꾸미에
대패 삼겹살로 식감까지 더한 매콤한 찜

··▶ 158쪽

오일 해물볶음
일명 '감바스'라고 불리는 바로 그 메뉴!
손님 초대요리로 참 좋은 오일 해물볶음

··▶ 159쪽

새우 버섯볶음
통통한 새우, 쫄깃한 버섯, 아삭한 파프리카를
굴소스에 살짝 볶은 새우 버섯볶음

··▶ 160쪽

낙지 콩나물볶음
쫄깃한 낙지, 아삭한 콩나물, 향긋한 미나리를
칼칼한 양념에 빠르게 볶아 부드러운 볶음

··▶ 161쪽

알 콩나물찜 _레시피 157쪽

오징어 삼겹살찜 _레시피 156쪽

오징어 삼겹살찜

🕐 **35~40분**
△ **2~3인분**
🔟 **냉장 2일**

- 오징어 1마리
  (270g, 손질 후 180g)
- 삼겹살(또는 앞다리살) 300g
- 콩나물 4줌(200g)
- 물 1/2컵(100㎖)
- 식용유 1큰술

양념
- 고춧가루 2와 1/2큰술
- 설탕 1큰술
- 다진 대파 2큰술
- 다진 마늘 1큰술
- 양조간장 2큰술
- 청주 1큰술
- 후춧가루 1/2작은술

응용법

소면 1줌(70g)을 포장지에
적혀있는 시간대로 삶아
곁들여도 좋아요.

1
오징어는 손질한다. 몸통은 길이로
2등분한 후 1cm 두께로,
다리는 3cm 길이로 썬다.
＊오징어 몸통 갈라 손질하기 11쪽

2
삼겹살은 3cm 두께로 썬다.

3
볼에 양념 재료를 섞는다.
이때, 양념 1큰술을 따로 덜어둔다.
＊덜어둔 양념 1큰술은
과정 ⑧에서 더한다.

4
큰 볼에 양념과 오징어, 삼겹살을 넣고
버무려 10분간 둔다.

5
콩나물은 체에 밭쳐 흐르는 물에
씻은 후 그대로 물기를 뺀다.

6
깊은 팬을 달궈 식용유를 두르고
④를 넣어 센 불에서 1분간 볶는다.

7
콩나물, 물 1/2컵(100㎖)을 넣고
뚜껑을 덮어 약한 불로 줄여
5~6분간 익힌다. ＊익히는 동안
뚜껑을 계속 덮어야 콩나물 특유의
비린내가 나지 않는다.

8
뚜껑을 열고 ③의 덜어둔 양념
1큰술을 넣고 30초간 볶는다.

알 콩나물찜

⏱ 35~40분
🍽 2~3인분
🧊 냉장 2일

- 냉동 동태알, 곤이 600g
- 콩나물 8줌(400g)
- 미나리 1줌(70g)
- 대파 20cm
- 청양고추 1개
- 물 1/2컵(100㎖)
- 녹말물
  (녹말가루 1큰술 + 물 2큰술)
- 통깨 1큰술
- 참기름 1큰술
- 소금 약간

양념
- 고춧가루 4큰술
- 설탕 1큰술
- 다진 마늘 2큰술
- 물 2큰술
- 청주 2큰술
- 굴소스 2큰술
- 후춧가루 약간

응용법
- 떡볶이 떡 1컵(150g)을 끓는 물에 데쳐 말랑하게 만든 후 마지막에 함께 넣어도 좋아요.
- 양념장을 곁들여도 좋아요. 생수 1큰술 + 양조간장 2큰술 + 연와사비 1작은술을 섞으면 돼요.

1
볼에 냉동 동태알, 곤이, 청주(2큰술), 잠길 만큼의 물을 담고 냉장실에서 30분간 해동한 후 체에 받쳐 물기를 뺀다.

2
동태알, 곤이는 손으로 물기를 살살 짠다. 큰 볼에 양념 재료를 섞은 후 동태알, 곤이를 넣어 버무린다.
＊물기를 세게 짜면 동태알, 곤이가 터지므로 살살 짜는 것이 좋다.

3
콩나물은 흐르는 물에 씻어 체에 받쳐 물기를 뺀다.

4
미나리는 5cm 길이로 썰고, 대파, 청양고추는 어슷 썬다.

5
냄비에 콩나물을 담고 ②의 동태알, 곤이, 물 1/2컵(100㎖)을 담는다.

6
뚜껑을 덮고 중간 불에서 2분간 끓인 후 중약 불로 줄여 10분간 익힌다. ＊익히는 동안 뚜껑을 계속 덮어야 콩나물 특유의 비린내가 나지 않는다.

7
미나리, 대파, 청양고추를 넣고 센 불로 올려 1분간 살살 볶는다.
＊알이 으깨지지 않도록 살살 볶는다.

8
녹말물(넣기 전에 한 번 더 섞을 것)을 넣어 섞은 후 통깨, 참기름을 넣고 불을 끈다.
소금으로 부족한 간을 더한다.

🕐 30~35분　🍽 2~3인분　🟠 냉장 2일

- 주꾸미 6~8마리(500g)
- 대패 삼겹살(또는 삼겹살) 150g
- 양배추 3장(손바닥 크기,
  또는 양파 1/2개, 90g)
- 깻잎 5장
- 대파 30cm
- 고추기름 1큰술(또는 식용유)

양념
- 다진 청양고추 1개 분량
- 설탕 2큰술
- 고춧가루 2큰술
- 감자전분 1큰술
- 다진 마늘 1큰술
- 청주 1큰술
- 양조간장 1/2큰술
- 고추장 2큰술
- 마요네즈 1큰술
- 후춧가루 1/2작은술

응용법

마요네즈 5큰술 + 연와사비
1작은술의 양념장에 찍어 먹어도
좋아요.

주꾸미 삼겹살찜

1

볼에 양념 재료를 섞는다.

2

주꾸미는 손질한다.
양배추, 깻잎은 한입 크기로 썰고,
대파는 어슷 썬다.

＊주꾸미 손질하기 11쪽

3

달군 팬에 고추기름, 대파,
대패 삼겹살을 넣고 센 불에서
2분, 양배추를 넣고 1분,
양념을 넣고 30초간 볶는다.

4

주꾸미를 넣고 2분간 뚜껑을 덮어서
찌듯이 익힌다. 뚜껑을 열고
2~3분간 저어가며 볶은 후
깻잎을 더한다.

응용 빵 곁들이기

🕐 **25~30분**
🍽 **2~3인분**

- 생새우살 25마리(250g)
- 해감 바지락 1봉
  (또는 해감 모시조개, 200g)
- 마늘 10쪽(50g)
- 대파 15cm
- 페페론치노 2작은술
  (또는 건고추 1/2개, 기호에 따라 가감)
- 올리브유 3큰술 + 3/4컵(150mℓ)
- 청주(또는 소주) 1큰술
- 통후추 간 것 약간
- 소금 약간

응용법
- 생새우살 대신 동량(250g)의 조개, 새우를 더해도 좋아요.
- 바게트나 모닝빵, 식빵 등 빵을 곁들여서 소스(오일)를 찍어 먹거나, 재료를 올려서 먹으면 좋아요.

오일 해물볶음

1
바지락은 손질한다.
생새우살을 준비한다.
＊바지락 손질하기 10쪽

2
마늘은 얇게 편 썰고,
대파는 송송 썬다.

3
깊은 팬을 달궈 올리브유 3큰술을
두르고 마늘, 대파, 페페론치노를
넣어 중간 불에서 2분,
바지락, 청주를 넣고 1분간 볶는다.

4
약한 불로 줄인 후 올리브유
3/4컵(150mℓ) 넣어 2분간 끓인다.
새우를 넣고 약한 불에서 3분간
저어가며 끓인다. 불을 끄고
통후추 간 것을 섞는다.
소금으로 부족한 간을 더한다.

⏱ **20~25분**
🍚 **2~3인분**

- 새우 8~9마리(또는 냉동
  생새우살 킹사이즈 12~13마리, 약 250g)
- 새송이버섯 1개(80g)
- 파프리카 1개(또는 피망, 200g)
- 마늘 3쪽(15g)
- 청주 1큰술
- 굴소스 1큰술
  (기호에 따라 가감)
- 식용유 2큰술

응용법

달군 팬에 버터 약간을 녹인 후
밥, 굵게 다진 새우 버섯볶음
적당량을 넣고 볶음밥으로
즐겨도 좋아요.

새우 버섯볶음

1

새우는 껍데기, 머리를 없앤다.
파프리카는 한입 크기로 썰고,
마늘은 편 썬다.

＊새우 껍데기 벗겨 손질하기 10쪽

2

새송이버섯은 길이로 2등분한 후
0.3cm 두께로 썬다.

3

달군 팬에 식용유를 두르고
마늘을 넣어 약한 불에서 2분간
노릇하게 볶은 후 덜어둔다.

4

다시 달군 팬에 새우, 청주, 굴소스를
넣고 센 불에서 3분, 새송이버섯,
파프리카를 넣고 1분간 볶는다.
구워둔 마늘을 넣고 버무린다.

⏱ 20~25분 🍽 2~3인분

- 낙지 3마리(420g)
- 콩나물 3줌(150g)
- 미나리 1/2줌
  (또는 쑥갓, 쪽파, 35g)
- 양파 1/4개(50g)
- 어슷 썬 대파 10cm 분량
- 참기름 1작은술
- 통깨 약간
- 후춧가루 약간
- 녹말물(감자전분 1/2큰술 + 물 1큰술)

양념
- 고춧가루 2큰술
- 설탕 1큰술
- 다진 마늘 1큰술
- 청주(또는 소주) 1큰술
- 양조간장 1큰술
- 참기름 1큰술

응용법
- 송송 썬 청양고추 1개를 마지막에
  넣어 매콤하게 즐겨도 좋아요.
- 달군 팬에 밥, 낙지 콩나물볶음
  적당량 + 들기름 약간 + 김가루
  약간을 넣고 볶음밥으로 즐겨도
  좋아요.

낙지 콩나물볶음

1
콩나물은 체에 밭쳐 흐르는 물에
씻은 후 그대로 물기를 뺀다.
미나리는 5cm 길이로 썰고,
양파는 1cm 두께로 썬다.

2
낙지는 손질한다. 작은 볼에
양념 재료를 섞는다.
*낙지 손질하기 11쪽

3
깊은 팬을 달궈 낙지, 콩나물, 양파를
넣고 센 불에서 1분, 대파, 양념을
넣고 3분~3분 30초간 볶는다.

4
미나리, 녹말물(넣기 전에 한 번 더
섞을 것)을 넣고 센 불에서 30초간
볶는다. 불을 끄고 참기름, 통깨,
후춧가루를 넣어 섞는다.

생선구이 4가지 레시피

유린 소스를 곁들인 삼치구이
아이들에게 특히 좋은 삼치!
감자전분을 입혀 노릇하게
구운 후 유린 소스에
촉촉히 적셔 먹는 구이

두 가지 양념의 황태구이
살짝 불려 부드러운 황태포에
고추장, 간장 중 원하는 양념을
발라 노릇하게 구운 황태구이

꿀생강 고등어구이
채 썬 생강을 가득 더한 양념에
구운 고등어를 살짝 조려
일품 요리 느낌 물씬나는 구이

대파 소스 가자미구이
노릇하게 구운 가자미에 향긋한
대파 소스를 듬뿍 올려 조리듯이
익힌 가자미구이

생선조림 4가지 레시피

삼치 김치말이조림
김치에 삼치를 올리고 돌돌 만 후
매콤한 국물에 자작하게 익힌 찜

꽈리고추 갈치조림
갈치에 꽈리고추를 듬뿍 넣고
매콤한 양념을 올린 후
바삭하게 조린 갈치조림

고등어 배추 된장조림
배추를 듬뿍 넣어 달큼하고,
고등어의 고소한 맛에,
구수한 된장 양념까지 가득한
고등어 배추 된장조림

버섯 가자미조림
큼직한 가자미에 버섯, 대파,
간장 양념을 더해 양념을
끼얹어가며 조린
버섯 가자미조림

두 가지 양념의 황태구이
레시피 165쪽

유린 소스를 곁들인 삼치구이
레시피 164쪽

유린 소스를 곁들인 삼치구이

🕐 30~35분
🍚 2~3인분

- 손질 삼치 1/2~1마리
  (구이용, 또는 고등어, 400g)
- 양파 1/2개(100g)
- 감자전분 5큰술(50g)
- 식용유 4큰술

밑간
- 청주(또는 소주) 2큰술
- 소금 1/3작은술

유린 소스
- 다진 홍고추 1개 분량
  (또는 피망, 파프리카, 20g)
- 설탕 1/2큰술
- 식초 3큰술
- 꿀 1큰술(또는 올리고당)
- 양조간장 1과 1/2큰술
- 생수 1큰술

응용법
영양부추, 무순과 같이 쌉싸래한 맛이 나는 채소를 곁들여도 좋아요.

1
삼치는 3cm 두께로 썬다.
볼에 밑간 재료와 함께 넣고 버무려 10분간 둔다.

2
양파는 가늘게 채 썬다. 찬물에 10분간 담가 매운맛을 없앤 다음 체에 밭쳐 물기를 뺀다.
키친타월로 감싸 물기를 완전히 없앤다.

3
볼에 유린 소스 재료를 모두 넣고 섞는다.

4
삼치는 키친타월로 감싸 물기를 완전히 없앤다.

5
위생팩에 삼치, 감자전분을 넣고 꾹꾹 눌러가며 묻힌다.

6
달군 팬에 식용유를 두르고 삼치의 껍질이 팬에 닿도록 올려 센 불에서 2분, 중간 불로 줄여 2~3분간 뒤집어가며 노릇하게 굽듯이 튀긴다.

7
키친타월에 올려 기름기를 뺀다.

8
그릇에 양파, 삼치를 올린 후 ③의 유린 소스를 붓는다.
*먹기 직전에 소스를 부어야 더욱 맛있게 즐길 수 있다. 양파와 유린 소스를 따로 담아도 좋다.

두 가지 양념의 황태구이

- ⏱ 20~25분
- 🍽 2~3인분
- 🧊 냉장 3일

- 황태포 1마리(70g)
- 식용유 1큰술
- 참기름 1큰술

양념 1_고추장 양념
- 다진 양파 2큰술
- 다진 파 1큰술
- 물 2큰술
- 물엿 1큰술(또는 올리고당)
- 매실청 1큰술(또는 맛술)
- 토마토케첩 1큰술
- 고추장 2와 1/2큰술
- 설탕 1작은술
- 다진 마늘 1작은술
- 참기름 1작은술

양념 2_간장 양념
- 다진 양파 2큰술
- 다진 파 1큰술
- 물 2큰술
- 양조간장 2큰술
- 물엿 1큰술(또는 올리고당)
- 매실청 1큰술(또는 맛술)
- 설탕 1작은술
- 다진 마늘 1작은술
- 참기름 1작은술

응용법

황태강정으로 즐겨도 좋아요.
과정 ③까지 진행한 후 황태포를
한입 크기로 썰어서 감자전분
5큰술을 입혀요. 달군 팬에
식용유 4큰술, 황태를 넣고
중간 불에서 3~5분간 튀겨서
건져둬요. 원하는 양념을
팬에 넣고 약한 불에서 끓어오르면
튀긴 황태를 넣고 1분간 버무리면
완성!

1

볼에 두 가지 양념 중 원하는
양념 재료를 넣고 섞는다.

2

황태포는 흐르는 물에 충분히 적셔
물기를 꼭 짠다.

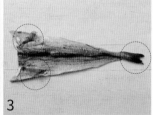

3

가위로 황태포의 꼬리, 지느러미를
잘라낸다(사진의 동그라미 부분).

4

황태포는 2등분한 후 양쪽에
2cm 간격으로 가위집을 넣는다.
* 팬의 크기에 따라 2~4등분해도
좋다.

5

달군 팬에 식용유, 참기름을
두른 후 황태포의 살 부분이
팬의 바닥에 닿도록 올려 중약 불에서
3분, 뒤집어서 3분간 굽는다.

6

앞뒤로 양념을 바른 후 뒤집어가며
5~6분간 굽는다.

🕐 **20~25분**
🍚 **2~3인분**

- 손질 고등어 1/2~1마리
  (구이용, 또는 삼치, 300g)
- 송송 썬 쪽파 3줄기
  (또는 대파 10cm, 25g)
- 식용유 1큰술

양념
- 채 썬 생강 4톨(20g)
- 물 2큰술
- 청주(또는 소주) 1큰술
- 양조간장 1큰술
- 꿀 1큰술
- 설탕 1작은술

응용법

송송 썬 청양고추 1개를
과정 ④에서 양념과 함께 넣어
매콤하게 즐겨도 좋아요.

꿀생강 고등어구이

1

양념 재료를 섞는다. 고등어는
씻은 후 키친타월로 감싸 물기를
완전히 없앤다. ＊물기를 완전히
없애야 비린내가 나지 않는다.

2

고등어의 등쪽에 칼을 뉘여서
2~3회 칼집을 낸다.

3

달군 팬에 식용유를 두른 후
고등어의 껍질이 팬에 닿도록 넣고
중간 불에서 뒤집어가며 4~5분간
노릇하게 굽는다. ＊팬의 크기에
따라 나눠 구워도 좋다.
＊기름이 많이 튈 수 있으니
주의한다.

4

양념을 넣고 센 불에서 양념이 거의
없어질 때까지 1~2분간 뒤집어가며
조리듯이 굽는다. 그릇에 담고
쪽파를 올린다.
＊고등어의 크기에 따라
익히는 시간을 가감한다.

⏱ 20~25분
⌂ 1~2인분
🔒 냉장 2일

- 손질 가자미 1~2마리
  (또는 병어, 약 400g)
- 식용유 1큰술

대파 소스
- 대파 20cm
- 올리고당 1큰술
- 양조간장 2큰술
- 식용유 1/4컵(50㎖)

응용법
가자미를 구울 때 식용유 대신
동량(1큰술)의 고추기름을 더해
매콤하게 즐겨도 좋아요.

대파 소스 가자미구이

1
가자미는 키친타월로 감싸
물기를 없앤 후 등쪽에 칼을
뉘여서 2~3회 칼집을 낸다.
＊물기를 완전히 없애야
비린내가 나지 않는다.

2
볼에 대파 소스 재료 중 대파를
제외한 나머지 소스 재료를 넣어
섞는다. 대파는 5cm 길이로 썬 후
가늘게 채 썬다.

3
달군 팬에 식용유를 두르고
가자미를 넣어 중약 불에서
5분간 익힌 후 뒤집는다.
＊팬의 크기에 따라 나눠 구워도
좋다.

4
대파 소스, 대파를 넣어 센 불에서
끓어오르면 중약 불로 줄여
3~5분간 조리듯이 익힌다.

삼치 김치말이조림

⏱ **45~50분**
⌂ **2~3인분**
🧊 **냉장 2일**

- 손질 삼치 1/2~1마리
  (구이용, 또는 고등어, 400g)
- 익은 포기 배추김치 8장(330g)
- 대파 15cm
- 청양고추 1개
  (기호에 따라 가감 또는 생략)
- 국물용 멸치 20(20g)
- 다시마 5×5cm 2장
- 소금 약간

밑간
- 청주(또는 소주) 1큰술
- 후춧가루 약간

양념
- 다진 마늘 1큰술
- 청주(또는 소주) 1큰술
- 고추장 1큰술
- 식용유 4큰술
- 고춧가루 2작은술
- 물 2컵(400㎖)
- 후춧가루 약간

> **응용법**
>
> 덜 익은 김치의 경우 과정 ⑥에서
> 식초 1큰술을 넣고,
> 많이 익은 김치의 경우 말기 전에
> 흐르는 물에 씻어서 사용하면
> 좋아요.

1
삼치는 4cm 두께로 8등분한다.
볼에 밑간 재료와 함께 넣고 버무려
5분간 둔다.

2
대파, 청양고추는 어슷 썬다.
볼에 양념 재료를 넣어 섞는다.

3
배추김치는 양념을 털어낸다.
배추김치 1장의 줄기 부분에
삼치 1조각을 올려 돌돌 만다.

4
같은 방법으로 총 8개를 만든다.

5
냄비에 국물용 멸치, 다시마를
넣고 ④의 이음매 부분이 아래로
향하도록 펼쳐 담는다.

6
양념을 붓고 대파 1/2분량을
올린 후 센 불에서 가장자리가
끓어오르면 3분간 끓인다.

7
뚜껑을 덮고 중약 불로 줄여
30분간 중간중간
국물을 끼얹어가며 끓인다.
＊냄비에 눌어붙지 않도록 중간중간
냄비를 살짝 흔들어준다.

8
남은 대파, 청양고추를 넣고
숟가락으로 국물을 끼얹어가며
중약 불에서 1분간 끓인다.
소금으로 부족한 간을 더한다.

꽈리고추 갈치조림

- 🕐 30~35분
- ⌂ 2~3인분
- 🍱 냉장 2~3일

- 손질 갈치 1마리
  (4~5토막, 또는 가자미, 병어, 200g)
- 꽈리고추 20개
  (또는 풋고추, 피망, 100g)
- 양파 1/2개(100g)
- 어슷 썬 대파 30cm 분량
- 청양고추 1개(기호에 따라 가감)

국물
- 국물용 멸치 25마리(25g)
- 다시마 5×5cm 3장
- 물 2컵(400㎖)

양념
- 고춧가루 2큰술
- 다진 마늘 1큰술
- 맛술 1과 1/2큰술
- 양조간장 1큰술
- 고추장 1과 1/2큰술
- 식용유 1큰술

응용법

양파 대신 동량(100g)의 무를 0.5cm 두께로 썰어서 대체해도 좋아요.

1
달군 냄비에 멸치를 넣고 중간 불에서 1분간 볶는다. 다시마를 넣고 중약 불에서 25분간 끓인 후 멸치, 다시마를 건져낸다. 국물은 볼에 덜어둔다.
*완성된 국물의 양 1컵(200㎖)이며 부족한 경우 물을 더한다.

2
갈치는 흐르는 물에 씻은 후 키친타월로 감싸 물기를 없앤다. 한쪽 면에 2cm 간격으로 칼집을 넣는다.

3
꽈리고추는 2~3등분으로 어슷 썰고, 양파는 1cm 두께로 썬다. 청양고추는 어슷 썬다.

4
작은 볼에 양념 재료를 넣어 섞는다.

5
바닥이 넓은 냄비에 양파를 깔고 양념 1/2분량 → ①의 국물 → 갈치 → 남은 양념 → 청양고추 순으로 담는다.

6
센 불에서 끓어오르면 2분, 뚜껑을 덮고 중약 불로 줄여 5분간 끓인다.

7
뚜껑을 열고 꽈리고추, 대파를 넣어 숟가락으로 양념을 끼얹어가며 중약 불에서 5분간 조린다.

🕐 30~35분 🍽 2~3인분 🅑 냉장 2일

- 손질 고등어 1/2~1마리
  (구이용, 또는 삼치 1/2마리,
  꽁치 2마리, 약 300g)
- 알배기배추 7장(손바닥 크기,
  또는 배추 잎 4장, 210g)
- 대파 15cm
- 청양고추 2개(기호에 따라 가감)

밑간
- 청주(또는 소주) 1큰술
- 소금 1/3작은술
- 후춧가루 약간

양념
- 다진 마늘 1큰술
- 맛술 2큰술
- 양조간장 1/2큰술
- 된장 2큰술(염도에 따라 가감)
- 다진 생강 1작은술
- 물 1과 1/2컵(300㎖)

응용법
양념의 된장 2큰술 중 1큰술을
고추장으로 변경해서
즐겨도 좋아요.

고등어 배추 된장조림

1

고등어는 등쪽에 2~3회 칼집을
넣은 후 밑간과 버무려 10분간
둔다. 볼에 양념을 섞는다.

2

알배기배추는 한입 크기로 썰고,
대파, 청양고추는 어슷 썬다.

3

냄비에 알배기배추 → 고등어 →
대파 → 청양고추 순으로 넣는다.
양념을 둘러가며 부은 후
센 불에서 끓인다.

＊알배기배추를 바닥에 깔아야
익으면서 양념이 배추에 잘 밴다.

4

센 불에서 끓어오르면 뚜껑을 덮고
중약 불로 줄여 10~13분간 끓인다.
뚜껑을 열고 국물을 끼얹어가며
자작해질 때까지 3~5분간 조린다.

🕐 25~30분
🍚 2~3인분
🔒 냉장 2일

- 손질 가자미 1~2마리
  (중간 것, 또는 병어, 갈치, 300g)
- 새송이버섯 3개
  (또는 다른 버섯, 240g)
- 대파 15cm

양념
- 설탕 1/2큰술
- 다진 마늘 1/2큰술
- 양조간장 2큰술
- 맛술 1큰술
- 물 3/4컵(150㎖)

응용법

어슷 썬 청양고추 1개를
과정 ④에서 대파와 함께 넣고
매콤하게 즐겨도 좋아요.

버섯 가자미조림

1
가자미는 키친타월로 감싸
물기를 없앤 후 등쪽에 칼을
뉘여서 2~3회 칼집을 낸다.

2
새송이버섯은 열십(+) 자로 썬 후
1cm 두께로 썰고, 대파는 어슷
썬다. 작은 볼에 양념 재료를 넣고
섞는다.

3
깊은 팬에 새송이버섯 → 가자미
→ 양념 순으로 넣고 센 불에서
끓어오르면 중간 불로 줄여
양념을 끼얹어가며 5분, 뚜껑을 덮고
중간 불에서 5분간 익힌다.

4
뚜껑을 열어 대파를 넣고 중간 불에서
양념을 끼얹으며 5분간 조린다.

회무침 & 육회
3가지 레시피

매콤달콤 회무침
매콤 달콤한 양념의 맛, 아삭한 채소의
식감을 가득 느낄 수 있는 회무침

부추무침 & 묵은지 광어
깔끔하게 양념한 김치, 매콤하게 양념한
부추무침, 향긋한 깻잎에 흰살 생선회를
곁들이는 요리

두 가지 양념의 육회
짭조름한 간장 양념, 입맛 돋우는 고추장 양념 중
원하는 양념을 선택해 만드는 쇠고기 육회

🕐 **15~20분**
⌒ **3~4인분**

- 시판 광어회 200g
  (또는 다른 흰살 생선회,
  기호에 따라 가감)
- 양배추 5장(손바닥 크기, 150g)
- 깻잎 20장(또는 미나리)
- 오이고추 2개(50g)
- 땅콩 1큰술
  (또는 다른 견과류, 10g)

양념
- 설탕 1큰술
- 식초 1과 1/2큰술
- 고추장 4큰술
- 통깨 1작은술
- 다진 마늘 1작은술
- 참기름 1작은술

응용법

물회로 즐겨도 좋아요.
설탕 3큰술 + 국간장 1큰술 +
고추장 2큰술 + 다진 마늘 1작은술
+ 차가운 생수 3컵(600㎖) + 식초
1/2컵(100㎖) + 참기름 1작은술 +
통깨 1큰술과 더하면 돼요.

매콤달콤 회무침

1
양배추는 1×5cm 크기로 썬다.
깻잎은 꼭지를 없앤 후
1cm 두께로 썬다.

2
오이고추는 어슷 썰고,
땅콩은 껍질을 벗긴 후
키친타월에 올려 굵게 다진다.

3
큰 볼에 양념 재료를 넣어
골고루 섞는다.

4
③의 볼에 양배추, 깻잎, 오이고추를
넣어 골고루 무친 후 회를 넣고
가볍게 버무린다. 그릇에 담고
다진 땅콩을 뿌린다.

부추무침 & 묵은지 광어

⏱ 15~20분
🍲 3~4인분

- 시판 광어회 800g
  (또는 다른 흰살 생선회,
  기호에 따라 가감)
- 익은 배추김치 1과 1/2컵(약 220g)
- 부추 1줌
  (또는 영양부추, 50g)
- 양파 1/2개(100g)
- 깻잎 15장
  (또는 다른 쌈 채소, 30g,
  기호에 따라 가감)

김치 양념
- 참기름 1큰술
- 설탕 2작은술
  (기호에 따라 가감)

부추 양념
- 식초 1큰술
- 고추장 1큰술
- 고춧가루 1작은술
- 설탕 1작은술
  (기호에 따라 가감)
- 연와사비 1작은술
  (기호에 따라 가감)

응용법

깻잎 한장에 부추무침, 묵은지,
광어를 올려 돌돌 말아
손님 초대상에 대접해도 좋아요.

1
배추김치는 흐르는 물에 깨끗이
씻는다. *덜 익은 김치라면
밀폐용기에 담아 실온에
2~3일간 둔 다음 사용한다.

2
5cm 길이(광어회 길이)로 썬 후
다시 1.5cm 두께로 썬다.

3
볼에 김치, 김치 양념 재료를 넣고
버무려 랩을 씌운 다음 냉장실에
넣어 먹기 직전까지 둔다.

4
부추는 4cm 길이로 썰고,
양파는 0.3cm 두께로 가늘게 채 썬다.

5
양파는 찬물에 10분간 담가
매운맛을 없앤 다음
체에 밭쳐 물기를 뺀다.

6
깻잎은 꼭지를 떼어내고
길이로 2등분한다.
*광어회의 크기에 맞춰 썰어도
좋다.

7
볼에 부추 양념 재료를 넣고 섞은 후
부추, 양파를 넣어 무친다.
그릇에 모든 재료를 담는다.
*먹기 직전에 무쳐야 숨이 죽지
않는다.
*간장과 연와사비를 곁들여도 좋다.

177

고추장 양념 육회

간장 양념 육회

두 가지 양념의 육회

- ⏱ 20~25분
- 🍽 2~3인분

- 육회용 쇠고기(우둔살) 200g
- 어린잎채소 1줌(25g)
- 배 1/5개(100g)
- 마늘 5쪽(50g)
- 달걀노른자 1개

양념 1_간장 양념
- 설탕 1큰술
- 양조간장 1큰술
- 참기름 2큰술
- 통깨 1작은술
- 소금 1/2작은술

양념 2_고추장 양념
- 설탕 1큰술
- 고추장 1큰술
- 참기름 2큰술
- 통깨 1작은술
- 양조간장 1작은술

응용법

어린잎채소는 영양부추 1줌(50g)으로 대체해도 좋아요.

1
큰 볼에 원하는 양념의 재료를 넣고 섞는다.

2
배는 0.5cm 두께로 채 썬다.

3
마늘은 굵게 다진다.
＊먹기 직전에 마늘을 다져야 향이 살아 있다.

4
쇠고기는 길이 6cm, 두께 0.5cm 크기로 채 썬다.
＊채 썬 육회용을 구입했다면 그대로 사용한다.

5
원하는 양념을 선택해서 고기, 다진 마늘을 더해 버무린다.

6
그릇에 썰어 놓은 배, 무쳐놓은 육회, 어린잎채소를 곁들인다.
달걀노른자를 올린다.

새로운 맛과
재료를 더한

03 **국물 요리**

한국인의 밥상에 빠지면 서운한 국물 요리.
가장 기본이 되는 다양한 국물 요리에 새로운 맛과 재료를 더했습니다.

맑은 국
8가지 레시피

버섯 달걀국
순한 달걀, 버섯을 더해 후루룩
마시기 참 좋은 맑은 국

애호박 달걀국
애호박, 달걀을 더해 재료가 가진
달큼함을 그대로 느낄 수 있는
맑은 국

어묵 감자국
부드러운 어묵, 감자를
멸치국물에 푹 익힌 맑은 국

쇠고기 감자국
차돌박이를 감자와 함께 더해
고소한 맛이 참 좋은 맑은 국

명란 콩나물국
콩나물이 가진 시원함, 명란이
가진 고유의 짭조름함이
느껴지는 맑은 국

두부 해장 콩나물국
속을 시원하게 풀어줄 두부,
콩나물, 새우젓이 듬뿍 들어간
맑은 국

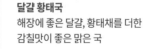

달걀 황태국
해장에 좋은 달걀, 황태채를 더한
감칠맛이 좋은 맑은 국

김치 황태국
별다른 양념 없이 김치로
맛을 낸 개운한 국

버섯 달걀국 _레시피 184쪽

애호박 달걀국 _레시피 185쪽

버섯 달걀국

- ⏱ **30~35분**
- 🍽 **2~3인분**
- ❄ **냉장 3~4일**

- 표고버섯 3개
  (또는 다른 버섯, 75g)
- 달걀 1개
- 대파 20cm
- 국간장 1/2큰술
- 소금 약간
- 후춧가루 약간

국물
- 국물용 멸치 25마리(25g)
- 다시마 5×5cm 4장
- 물 7컵(1.4ℓ)

> **응용법**
>
> 소면 1줌(70g)을 포장지에
> 적혀있는 시간대로 삶아
> 마지막에 더해도 좋아요.

1
달군 냄비에 멸치를 넣고
중간 불에서 1분간 볶는다.
＊내열용기에 펼쳐 담아
전자레인지에서 1분간 돌려도 좋다.

2
나머지 국물 재료를 넣고
중약 불에서 25분간 끓인 후
멸치, 다시마를 건져낸다.
＊완성된 국물의 양은 6컵(1.2ℓ)이며
부족한 경우 물을 더한다.

3
표고버섯은 기둥을 제거하고
0.5cm 두께로 썬다.
대파는 어슷 썬다.
볼에 달걀을 넣고 푼다.

4
②의 냄비에 표고버섯을 넣어
센 불에서 끓어오르면 중간 불로
줄여 7분간 끓인다.

5
달걀물을 둘러가며 붓고
중간 불에서 1분간 그대로 둔다.
＊달걀을 넣고 휘젓지 않고
그대로 둬야 국물이 깔끔하다.

6
대파, 국간장, 후춧가루를 넣고
중간 불에서 1분간 저어가며 끓인다.
소금으로 부족한 간을 더한다.

애호박 달걀국

🕐 30~35분
△ 2~3인분
🔲 냉장 3~4일

- 애호박 1/2개(135g)
- 달걀 1개
- 양파 1/4개(50g)
- 대파 10cm

국물
- 국물용 멸치 25마리(25g)
- 다시마 5×5cm 4장
- 물 7컵(1.4ℓ)

양념
- 소금 1작은술(기호에 따라 가감)
- 다진 마늘 1작은술
- 국간장 1/2작은술
- 후춧가루 약간(기호에 따라 가감)

응용법

수제비를 더해도 좋아요.
얼큰 버섯수제비(317쪽)의
수제비 반죽 1/2분량을 만든 후
과정 ⑥에서 애호박과 함께
더하세요.
또는 시판 수제비를 사용해도 돼요.

1

달군 냄비에 멸치를 넣고
중간 불에서 1분간 볶는다.
＊내열용기에 펼쳐 담아
전자레인지에서 1분간 돌려도 좋다.

2

나머지 국물 재료를 넣고
중약 불에서 25분간 끓인 후
멸치, 다시마를 건져낸다.
＊완성된 국물의 양은 6컵(1.2ℓ)이며
부족한 경우 물을 더한다.

3

애호박은 길이로 4등분한 후
0.5cm 두께의 부채꼴 모양으로 썬다.

4

양파는 한입 크기로 썰고,
대파는 어슷 썬다.

5

작은 볼에 달걀을 풀어
④의 대파와 섞는다.

6

②의 냄비에 애호박, 양파를 넣고
센 불에서 5분, 양념, ⑤의 달걀물을
두르고 중간 불에서 1분간 젓지 않고
그대로 끓인다. ＊달걀을 넣고
휘젓지 않고 그대로 둬야 국물이
깔끔하다.

⏱ **30~35분**
🍽 **2~3인분**
🧊 **냉장 3~4일**

- 감자 1개(200g)
- 사각 어묵 2장
  (또는 다른 어묵, 100g)
- 어슷 썬 대파 10cm 분량
- 다진 마늘 1/2큰술
- 국간장 1큰술
- 소금 1/4작은술

국물
- 국물용 멸치 25마리(25g)
- 다시마 5×5cm 4장
- 물 7컵(1.4ℓ)

응용법

익은 배추김치 1/3컵(50g)을
한입 크기로 썬 후
과정 ③에서 감자와 함께 넣고
끓여도 좋아요.

어묵 감자국

1
달군 냄비에 멸치를 넣고
중간 불에서 1분간 볶는다. 나머지
국물 재료를 넣고 중약 불에서
25분간 끓인 후 멸치, 다시마를
건져낸다. *완성된 국물의 양은
6컵(1.2ℓ)이며 부족한 경우
물을 더한다.

2
어묵은 2등분한 후 1.5cm 두께로
썬다. 감자는 열십(+) 자로 썬 후
0.7cm 두께로 썬다.

3
①의 냄비에 감자를 넣어 뚜껑을
덮고 중약 불에서 5분간 끓인다.

4
어묵, 다진 마늘, 국간장, 소금을 넣고
뚜껑을 덮고 3분간 끓인다.
뚜껑을 열고 대파를 넣어
1분간 끓인다.

⏱ 30~35분
△ 2~3인분
🅰 냉장 3~4일

- 감자 1개(200g)
- 차돌박이 200g
- 어슷 썬 대파 10cm 분량
- 다진 마늘 1작은술
- 국간장 1큰술
- 소금 1/4작은술

국물
- 국물용 멸치 25마리(25g)
- 다시마 5×5cm 4장
- 물 7컵(1.4ℓ)

응용법
마지막에 어슷 썬 청양고추
1개를 더해 매콤하게 즐겨도
좋아요.

쇠고기 감자국

1
달군 냄비에 멸치를 넣고
중간 불에서 1분간 볶는다. 나머지
국물 재료를 넣고 중약 불에서
25분간 끓인 후 멸치, 다시마를
건져낸다. ＊완성된 국물의 양은
6컵(1.2ℓ)이며 부족한 경우
물을 더한다.

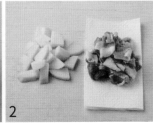

2
감자는 열십(+) 자로 썬 후
0.7cm 두께로 썬다. 차돌박이는
키친타월로 감싸 핏물을 없앤다.

3
①의 냄비에 감자를 넣어 뚜껑을 덮고
중약 불에서 5분, 차돌박이를 넣어
3분간 끓인다.

4
뚜껑을 열고 대파, 다진 마늘, 국간장,
소금을 넣어 1분간 끓인다.

🕐 **25~30분**
⌂ **2~3인분**
🧊 **냉장 2일**

- 콩나물 3줌(150g)
- 명란젓 3~4개
  (80g, 염도에 따라 가감)
- 대파 10cm
- 다시마 5×5cm 6장
- 다진 마늘 1작은술
- 소금 약간
- 후춧가루 약간
- 물 7컵(1.4ℓ)

응용법

송송 썬 청양고추 1개,
고춧가루 1큰술을 마지막에 더해
매콤하게 즐겨도 좋아요.

명란 콩나물국

1

콩나물은 체에 밭쳐 흐르는 물에
씻은 후 그대로 물기를 뺀다.
명란젓은 양념을 씻어낸 후
2cm 두께로 썰고, 대파는 송송
썬다. * 명란젓을 너무 작게 썰면
국물이 지저분해지므로 주의한다.

2

냄비에 물, 다시마를 넣고
센 불에서 끓어오르면 다시마를
건져낸다.

3

②의 냄비에 콩나물, 명란젓,
다진 마늘을 넣고 중간 불에서
5분간 끓인다.
* 끓어오르면서 생기는 거품은
고운 체 또는 숟가락으로
걷어낸다.

4

불을 끄고 대파, 후춧가루를 넣고
1분간 끓인다. 소금으로
부족한 간을 더한다.

매콤하게 즐기기 응용

- ⏱ 40~45분
- ◠ 3~4인분
- 🔒 냉장 3~4일

- 콩나물 4줌(200g)
- 두부 1/3모(100g)
- 어슷 썬 대파 15cm 분량
- 다진 마늘 1/2큰술
- 새우젓 2/3큰술(기호에 따라 가감)
- 국간장 1/2작은술
- 소금 약간

국물
- 국물용 멸치 25마리(25g)
- 두절 건새우 1/2컵(15g)
- 다시마 5×5cm 4장
- 물 7컵(1.4ℓ)

응용법

송송 썬 청양고추 1개,
고춧가루 1큰술을 마지막에 더해
매콤하게 즐겨도 좋아요.

두부 해장 콩나물국

1

냄비에 멸치, 건새우를 넣고
중간 불에서 1분간 볶는다.
나머지 국물 재료를 넣고 센 불에서
끓어오르면 중간 불로 줄여
25분간 끓인 후 건더기를 건져낸다.
＊완성된 국물의 양은 6컵(1.2ℓ)이며
부족한 경우 물을 더한다.

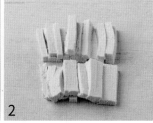

2

두부는 길게 썬다.

3

①의 냄비에 콩나물을 넣고
뚜껑을 덮어 중간 불에서
5분간 끓인다.
＊익히는 동안 뚜껑을 계속
덮어야 콩나물 특유의 비린내가
나지 않는다.

4

두부, 다진 마늘, 새우젓, 국간장을
넣고 중간 불에서 2분간 끓인다.
대파를 넣고 소금으로 부족한
간을 더한다.

189

⏱ **30~35분**
△ **2~3인분**
🅱 **냉장 3~4일**

- 황태채 2컵(또는 북어채, 40g)
- 달걀 1개
- 대파 15cm
- 청양고추 1개
- 다진 마늘 1작은술
- 들기름 1큰술
- 물 1과 1/2컵(300㎖) + 3컵(600㎖)
- 소금 1작은술(기호에 따라 가감)

떡국으로 즐기기 **응용**

응용법
떡국 떡 1컵(100g)을 끓는 물에
데쳐 말랑하게 만든 후
과정 ④에서 대파와 함께
넣어서 떡국으로 즐겨도 좋아요.

달걀 황태국

1
냄비에 들기름, 황태채,
물 1과 1/2컵(300㎖)을 넣고
센 불에서 끓어오르면
중약 불로 줄여 8~10분간 뽀얀
국물이 나올 때까지 끓인다.

2
대파, 청양고추는 어슷 썬다.
볼에 달걀을 넣고 푼다.

3
①의 냄비에 물 3컵(600㎖)을
넣어 센 불로 올려 8~10분간
끓인다.

4
대파, 청양고추, 다진 마늘,
소금을 넣고 센 불에서 1분,
달걀물을 둘러가며 넣고 1분간 끓인다.
＊달걀을 넣고 휘젓지 않고
그대로 둬야 국물이 깔끔하다.

⏱ **30~35분**
🍽 **2~3인분**
❄ **냉장 3~4일**

- 황태채 2컵(40g)
- 익은 배추김치 1컵(150g)
- 대파 15cm
- 들기름 1큰술
- 국간장 1큰술
- 소금 약간

국물
- 다시마 5×5cm 4장
- 물 6컵(1.2ℓ)

응용법
콩나물 2줌(100g)을 과정 ③을
끓이는 중간에 더해도 좋아요.

김치 황태국

1

김치는 1cm 두께로 썰고,
대파는 어슷 썬다.

2

냄비에 황태채, 들기름,
국물 재료를 넣어 센 불에서
10분간 끓인다.

3

김치를 넣어 7~10분간 끓인다.

4

대파, 국간장을 넣고 1분간 끓인다.
소금으로 부족한 간을 더한다.
＊국물용 다시마는 건져내도 좋고,
채 썰어 함께 더해도 좋다.

된장국 & 된장찌개
8가지 레시피

배추 새우된장국
익히면 시원한 맛이 더해지는
배추, 달큼한 새우를 더한 된장국

···⟶ 193쪽

마른 새우 아욱된장국
구수함이 살아 있는 아욱,
짭조름한 건새우를 더한 된장국

···⟶ 193쪽

들깨 배추된장국
고소함이 참 좋은 들깻가루,
배추를 가득 더한 된장국

···⟶ 196쪽

쇠고기 무 된장국
쇠고기 양지를 넣고 푹 익혀
진한 국물이 잘 느껴지는 된장국

···⟶ 196쪽

애호박된장국
애호박, 두부, 양파를 푸짐하게
넣고 고춧가루를 더해 칼칼함을
살린 된장

···⟶ 197쪽

새우 단호박 된장찌개
감칠맛 좋은 새우, 달큼하고
부드러운 단호박을 더한
된장찌개

···⟶ 201쪽

쇠고기 된장찌개
고소한 차돌박이, 감자 등을 더한
푸짐한 된장찌개

···⟶ 201쪽

배추 된장전골
쇠고기, 배추, 버섯, 양파를
된장 양념을 더한 국물에
보글보글 끓인 전골

···⟶ 204쪽

마른 새우 아욱된장국 _레시피 195쪽

배추 새우된장국 _레시피 194쪽

193

배추 새우된장국

⏱ **40~45분**
◻ **2~3인분**
📦 **냉장 3~4일**

- 알배기배추 5장
  (손바닥 크기, 또는 배추 잎 3장, 150g)
- 생새우살 10마리(100g)
- 대파 15cm
- 청양고추 1개(기호에 따라 생략)
- 다진 마늘 1/2큰술
- 된장 2큰술(염도에 따라 가감)
- 소금 약간

국물
- 국물용 멸치 25마리(25g)
- 다시마 5×5cm 4장
- 물 7컵(1.4ℓ)

응용법

배추 새우된장국 1/2분량에
밥 1공기(200g)를 넣고
5~8분간 밥알이 퍼질 때까지
저어가며 끓여
죽으로 즐겨도 좋아요.

1
달군 냄비에 멸치를 넣고
중간 불에서 1분간 볶는다.
* 내열용기에 펼쳐 담아
전자레인지에서 1분간 돌려도 좋다.

2
나머지 국물 재료를 넣고
중약 불에서 25분간 끓인 후
멸치, 다시마를 건져낸다.
* 완성된 국물의 양은 6컵(1.2ℓ)이며
부족한 경우 물을 더한다.

3
알배기배추는 길이로 2등분한 후
2cm 두께로 썰고,
대파, 청양고추는 어슷 썬다.

4
②의 냄비에 알배기배추, 청양고추,
다진 마늘, 된장을 넣고
센 불에서 끓어오르면 중약 불로
줄여 5분간 끓인다.
* 끓어오르면서 생기는 거품은
고운 체 또는 숟가락으로 걷어낸다.

5
생새우살, 대파를 넣고
중약 불에서 5분간 저어가며
끓인다. 소금으로 부족한 간을
더한다.

마른 새우 아욱된장국

- 🕐 40~45분
- ⌂ 2~3인분
- 🧊 냉장 3~4일

- 아욱 1단(200g)
- 두절 건새우 1/2컵(15g)
- 어슷 썬 대파 10cm
- 된장 3큰술(염도에 따라 가감)
- 다진 마늘 1작은술

국물
- 국물용 멸치 25마리(25g)
- 다시마 5×5cm 4장
- 물 7컵(1.4ℓ)

응용법

아욱을 동량(200g)의
시금치로 대체해도 좋아요.
시금치를 손질(17쪽)한 후
한입 크기로 썰어서
동일하게 만들면 돼요.

1
달군 냄비에 멸치를 넣고
중간 불에서 1분간 볶는다.
＊내열용기에 펼쳐 담아
전자레인지에서 1분간 돌려도 좋다.

2
나머지 국물 재료를 넣고
중약 불에서 25분간 끓인 후
멸치, 다시마를 건져낸다.
＊완성된 국물의 양은 6컵(1.2ℓ)이며
부족한 경우 물을 더한다.

3
아욱은 한입 크기로 썬다.

4
볼에 아욱, 굵은소금(1큰술)을 넣어
바락바락 주무른 후
흐르는 물에 씻는다.

5
②의 냄비에 된장을 풀고
아욱을 넣어 센 불에서
끓어오르면 중약 불로 줄여
5분간 끓인다.

6
두절 건새우, 다진 마늘을 넣고 10분간
끓이고 대파를 넣는다.

들깨 배추된장국 _레시피 198쪽

쇠고기 무 된장국 _레시피 199쪽

애호박된장국 _레시피 200쪽

들깨 배추된장국

🕐 **40~45분**
⌒ **2~3인분**
🔲 **냉장 3~4일**

- 알배기배추 4장(손바닥 크기, 또는 배추 잎 2장, 120g)
- 두부 1/2모(150g)
- 대파 15cm
- 된장 1과 1/2큰술(염도에 따라 가감)
- 다진 마늘 1작은술
- 들깻가루 3큰술(기호에 따라 가감)
- 소금 약간

국물
- 국물용 멸치 25마리(25g)
- 두절 건새우 1/2컵(15g)
- 다시마 5×5cm 4장
- 물 7컵(1.4ℓ)

응용법
알배기배추는 동량(120g)의 무로 대체해도 좋아요. 무를 0.5cm 두께로 납작하게 썬 후 과정 ⑤에서 알배기배추 대신 더하세요.

1
달군 냄비에 멸치를 넣고 중간 불에서 1분간 볶는다.
＊내열용기에 펼쳐 담아 전자레인지에서 1분간 돌려도 좋다.

2
나머지 국물 재료를 넣고 중약 불에서 25분간 끓인 후 멸치, 다시마, 두절 건새우를 건져낸다.
＊완성된 국물의 양은 6컵(1.2ℓ)이며 부족한 경우 물을 더한다.

3
알배기배추는 길이로 2등분한 후 2cm 두께로 썬다.

4
대파는 어슷 썰고, 두부는 작게 깍뚝썰기한다.

5
②의 냄비에 된장, 다진 마늘을 넣고 푼다. 알배기배추를 넣고 센 불에서 끓어오르면 중약 불로 줄여 10분간 끓인다.

6
두부, 대파를 넣고 3분, 들깻가루를 넣어 1분간 끓인다. 소금으로 부족한 간을 더한다.

쇠고기 무 된장국

⏱ **45~50분**
🍽 **2~3인분**
🧊 **냉장 3~4일**

- 쇠고기 양지(또는 사태) 200g
- 무 지름 10cm, 두께 1cm(100g)
- 대파 20cm
- 참기름 1작은술
- 청주 1큰술
- 국간장 2작은술
- 다진 마늘 1작은술
- 다시마 5×5cm 3장
- 물 5와 1/2컵(1.1ℓ)
- 소금 약간

양념
- 된장 2큰술
  (염도에 따라 가감)
- 고추장 1/2큰술

응용법

양념의 고추장을 생략하고, 된장을 총 2와 1/3큰술 (염도에 따라 가감)로 늘리면 아이용으로 맵지 않게 만들 수 있어요.

1
무는 0.7cm 두께로 채 썬다. 대파는 어슷 썬다.

2
쇠고기는 키친타월로 감싸 핏물을 없앤 후 0.7cm 두께로 썬다.

3
달군 냄비에 참기름을 두르고 쇠고기, 청주, 국간장을 넣어 중간 불에서 3분간 볶는다.

4
무, 다시마, 물 5와 1/2컵(1.1ℓ)을 넣고 중간 불에서 끓어오르면 중약 불로 줄인다. 뚜껑을 덮고 20분간 끓인 후 다시마를 건져낸다. ＊ 끓어오르면서 생기는 거품은 고운 체 또는 숟가락으로 걷어낸다.

5
국자에 양념 재료를 담고 냄비에 넣어 사진과 같이 숟가락으로 국물을 조금씩 더해가며 푼다. 뚜껑을 덮고 중약 불에서 10분간 끓인다.

6
대파, 다진 마늘을 넣고 중간 불에서 5분간 끓인다. 소금으로 부족한 간을 더한다.

애호박된장국

🕐 **30~35분**
△ **2~3인분**
🔲 **냉장 3~4일**

- 애호박 1/2개(약 135g)
- 두부 1/2모(150g)
- 양파 1/4개(50g)
- 고추 1개
  (풋고추, 청양고추, 생략 가능)
- 다진 마늘 1/2큰술
- 된장 2큰술(염도에 따라 가감)
- 고춧가루 1작은술
- 국간장 1/2큰술

국물
- 국물용 멸치 25마리(25g)
- 다시마 5×5cm 4장
- 물 7컵(1.4ℓ)

응용법
표고버섯 2개를 한입 크기로 썰어
과정 ⑤에서 애호박과 함께 넣고
끓여도 좋아요.

1
달군 냄비에 멸치를 넣고
중간 불에서 1분간 볶는다.
* 내열용기에 펼쳐 담아 전자레인지
에서 1분간 돌려도 좋다.

2
나머지 국물 재료를 넣고
중약 불에서 25분간 끓인 후
멸치, 다시마를 건져낸다.
* 완성된 국물의 양은 6컵(1.2ℓ)이며
부족한 경우 물을 더한다.

3
두부는 2등분한 후 1cm 두께로 썬다.
애호박은 길이로 4등분한 후
1.5cm 두께로 썬다.

4
양파는 한입 크기로 썰고,
고추는 송송 썬다.

5
②의 냄비에 다진 마늘, 된장,
고춧가루를 넣어 센 불에서
끓어오르면 애호박, 양파,
국간장을 넣고 중간 불로 줄여
5분간 끓인다.

6
두부, 풋고추를 넣고
중간 불에서 2분간 끓인다.

새우 단호박 된장찌개 _레시피 202쪽

쇠고기 된장찌개 _레시피 203쪽

새우 단호박 된장찌개

⏱ 35~40분
🍽 2~3인분
🧊 냉장 3~4일

- 새우 7마리(약 200g)
- 단호박 1/4개
  (200g, 씨 제거한 후 160g)
- 해감 바지락 1봉지
  (또는 해감 모시조개, 200g)
- 두부 1모(찌개용, 180g)
- 대파 10cm
- 청양고추 1개(생략 가능)
- 소금 약간

국물
- 다시마 5×5cm 2장
- 대파 10cm
- 물 3컵(600㎖)

양념
- 고춧가루 1/2큰술
- 다진 마늘 1/2큰술
- 된장 1과 1/2큰술
  (염도에 따라 가감)
- 고추장 1/2큰술

응용법
새우 대신 동량(200g)의
절단 꽃게를 더해도 좋아요.

1 볼에 해감 바지락과 잠길 정도의
물을 담고 비벼가며 씻는다.

2 체에 받쳐 흐르는 물에 2~3회 헹궈
그대로 물기를 뺀다.

3 새우는 손질한다.
머리만 떼어낸 후 따로 둔다.
＊새우 껍데기 그대로 두고
손질하기 10쪽

4 냄비에 새우 머리, ②의 바지락,
국물 재료를 넣고 센 불에서
끓어오르면 중약 불로 줄여 10분간
끓이고 체에 거른다.
국물, 바지락을 따로 둔다.

5 두부는 길이로 2등분한 후
1cm 두께로 썬다.
대파, 청양고추는 어슷 썬다.

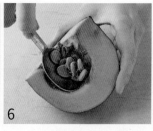

6 단호박은 숟가락으로 씨를
긁어낸 후 껍질째 한입 크기로 썬다.
＊단호박의 껍질을 제거해도 좋다.

7 냄비에 ④의 국물, 양념 재료,
단호박을 넣고 센 불에서
끓어오르면 중간 불로 줄여
2분간 끓인다. 새우, 청양고추를 넣고
센 불로 올려 끓어오르면
약한 불로 줄여 3분간 끓인다.

8 바지락, 두부, 대파를 넣고
2분간 끓인다.
소금으로 부족한 간을 더한다.

쇠고기 된장찌개

⏱ **40~45분**
🍽 **2~3인분**
🧊 **냉장 3~4일**

- 차돌박이 100g
- 두부 1/2모(찌개용, 150g)
- 감자 1/2개(100g)
- 느타리버섯 1줌
  (또는 다른 버섯, 50g)
- 송송 썬 청양고추 1개 분량
- 된장 2와 1/2큰술(염도에 따라 가감)
- 고춧가루 1/2큰술
- 다진 마늘 1/2큰술
- 참기름 1/2큰술

국물
- 국물용 멸치 25마리(25g)
- 다시마 5×5cm 4장
- 물 3컵(600㎖)

응용법

된장을 동량(2와 1/2큰술)의 고추장으로 대체해서 고추장찌개로 즐겨도 좋아요. 이때, 국간장으로 부족한 간을 더하세요.

1
달군 냄비에 멸치를 넣고 중간 불에서 1분간 볶는다.
＊ 내열용기에 펼쳐 담아 전자레인지에서 1분간 돌려도 좋다.

2
나머지 국물 재료를 넣고 중약 불에서 25분간 끓인 후 멸치, 다시마를 건져낸다. 국물은 볼에 덜어둔다.
＊ 완성된 국물의 양은 2컵(400㎖)이며 부족한 경우 물을 더한다.

3
감자는 열십(+) 자로 4등분하고, 두부는 길이로 2등분한 후 1cm 두께로 썬다.

4
느타리버섯은 가닥가닥 뜯는다.

5
달군 냄비에 참기름, 감자를 넣고 중간 불에서 2분간 볶는다.

6
②의 국물을 넣고 센 불에서 끓어오르면 차돌박이, 된장, 고춧가루를 넣고 풀어가며 5분간 끓인다.

7
나머지 재료를 모두 넣고 센 불에서 4분간 끓인다.

응용 칼국수면 곁들이기

배추 된장전골

- ⏱ **30~35분**
- △ **2~3인분**
- ▣ **냉장 3~4일**

- 쇠고기 불고기용 200g
  (또는 샤부샤부용)
- 알배기배추 9장(손바닥 크기,
  또는 배추 잎 약 5장, 270g)
- 표고버섯 5개
  (또는 다른 버섯, 125g)
- 양파 1/2개(100g)
- 대파 15cm
- 청양고추 1개
- 다시마 5×5cm 3장
- 소금 약간

양념
- 청주 2큰술
- 다진 마늘 1큰술
- 된장 1큰술
  (염도에 따라 가감)
- 참기름 1/2큰술
- 후춧가루 약간

국물
- 된장 1큰술
  (염도에 따라 가감)
- 멸치액젓 1큰술
- 물 5컵(1ℓ)

응용법

칼국수면을 곁들여도 좋아요.
끓는 물에 생칼국수면 1봉(150g)을
넣고 포장지에 적힌 시간대로
삶은 후 마지막에 더하면 돼요.

1
쇠고기는 키친타월로 감싸 핏물을
없앤 다음 2cm 두께로 썬다.
양념 재료를 더해 쇠고기와
버무려 10분간 둔다.

2
알배기배추는 길이로 2등분한 후
5cm 두께로 썬다.

3
표고버섯은 기둥을 제거하고
0.5cm 두께로 썬다.

4
대파는 0.5cm 두께로 어슷 썰고,
양파는 1cm 두께로 채 썬다.
청양고추는 어슷썬다.

5
냄비에 다시마를 깔고
모든 재료를 둘러 담는다.

6
국물 재료를 넣어 센 불에서 끓어오르면
중약 불로 줄여 10~12분간 끓인다.
소금으로 부족한 간을 더한다.
＊약한 불에서 끓이면서 먹어도 좋다.

김치찌개&고추장찌개
8가지 레시피

달걀 김치찌개
오랜 시간 푹 익힌 김치에 대파를
더한 달걀물을 마지막에 풀어
고소한 식감이 느껴지는 찌개

···▶ 207쪽

콩비지 김치찌개
고소한 식감과 맛을 자랑하는
콩비지를 더해 더욱 맛있는 찌개

···▶ 207쪽

황태 김치찌개
황태채를 더해 감칠맛과
시원함까지 함께 살린 김치찌개

···▶ 210쪽

만두 김치전골
만두, 쇠고기, 버섯, 애호박 등
다양한 채소를 김치와 함께
둘러 담은 후 끓여 먹는 전골

···▶ 212쪽

닭고기 감자 고추장찌개
부드러운 닭다리살, 포슬포슬한
감자를 고추장 양념에 되직하게
끓인 찌개

···▶ 214쪽

감자 참치 고추장찌개
감자, 참치를 고추장 양념에
뭉근하게 푹 끓인 찌개

···▶ 216쪽

냉이 두부 토장찌개
냉이를 마지막에 더해 향과
식감을 그대로 담은,
된장과 고추장을 더한 찌개

···▶ 218쪽

삼겹살 쌈장찌개
고소한 맛이 좋은 삼겹살, 감자를
쌈장 양념에 보글보글 끓인 찌개

···▶ 219쪽

달걀 김치찌개_레시피 208쪽

콩비지 김치찌개 _레시피 209쪽

달걀 김치찌개

- ⏱ 50~55분
- △ 2~3인분
- 🔒 냉장 3~4일

- 익은 배추김치 1컵(150g)
- 달걀 2개
- 양파 1/4개(50g)
- 대파 20cm
- 청양고추 1개(생략 가능)
- 소금 약간
- 들기름 1큰술(또는 참기름)
- 식용유 1큰술
- 다진 마늘 1/2큰술
- 설탕 1/2작은술
- 고춧가루 2작은술
- 김치국물 2큰술
- 국간장 1작은술
  (김치 염도에 따라 가감)

국물
- 국물용 멸치 25마리(25g)
- 다시마 5×5cm 3장
- 물 4컵(800㎖)

응용법

다진 돼지고기 100g을 더해도
좋아요. 과정 ⑥에서 김치와 함께
넣고 볶으면 돼요.

1
달군 냄비에 멸치를 넣고
중간 불에서 1분간 볶는다.
＊내열용기에 펼쳐 담아
전자레인지에서 1분간 돌려도 좋다.

2
나머지 국물 재료를 넣고 중약 불에서
25분간 끓인 후 멸치, 다시마를
건져낸다. 국물은 볼에 덜어둔다.
＊완성된 국물의 양은 3컵(600㎖)이며
부족한 경우 물을 더한다.

3
양파는 0.5cm 두께로 채 썰고,
대파, 청양고추는 송송 썬다.

4
배추김치는 속을 털고
3cm 두께로 썬다.

5
작은 볼에 달걀, 대파, 청양고추,
소금을 넣고 한번 더 섞는다.

6
달군 냄비에 들기름, 식용유를
두르고 배추김치, 양파,
다진 마늘, 설탕, 고춧가루를 넣어
중약 불에서 2분간 볶는다.

7
②의 국물, 김치국물, 국간장을
넣고 센 불에서 끓어오르면
약한 불로 줄이고 뚜껑을 덮어
20분간 끓인다.

8
⑤를 둘러가며 붓고 뚜껑을 덮어
그대로 5분간 끓인다.
＊달걀을 넣고 휘젓지 않고
그대로 둬야 국물이 깔끔하다.

콩비지 김치찌개

- ⏱ 50~55분
- ☐ 2~3인분
- 🅑 냉장 3~4일

- 콩비지 300g
- 익은 배추김치 1컵(150g)
- 양파 1/2개(100g)
- 대파 15cm
- 청양고추 1개
- 들기름 1큰술
- 다진 마늘 1/2큰술
- 고춧가루 2작은술
- 국간장 1과 1/2작은술
  (김치 염도에 따라 가감)

국물
- 국물용 멸치 25마리(25g)
- 다시마 5×5cm 3장
- 물 3과 1/2컵(700㎖)

응용법

덜 익은 김치의 경우
과정 ⑤에서 식초 2작은술을
함께 넣고 볶아주세요.

1
달군 냄비에 멸치를 넣고
중간 불에서 1분간 볶는다.
＊내열용기에 펼쳐 담아 전자레인지
에서 1분간 돌려도 좋다.

2
나머지 국물 재료를 넣고 중약 불에서
25분간 끓인 후 멸치, 다시마를
건져낸다. 국물은 볼에 덜어둔다.
＊완성된 국물의 양은 2와 1/2컵
(500㎖)이며 부족한 경우 물을 더한다.

3
양파는 채 썰고,
대파, 청양고추는 송송 썬다.

4
배추김치는 속을 털고
2cm 두께로 썬다.

5
달군 냄비에 들기름을 두르고
배추김치, 양파를 넣어
중약 불에서 2분간 볶는다.

6
②의 국물, 콩비지, 다진 마늘을 넣고
센 불에서 끓어오르면 중간 불로
줄여 10분간 끓인다.

7
대파, 청양고추, 고춧가루,
국간장을 넣고 1분간 끓인다.

황태 김치찌개

⏱ **40~45분**
⌓ **2~3인분**
🧊 **냉장 3~4일**

- 익은 배추김치 2컵(300g)
- 황태채 2컵(또는 북어채, 40g)
- 양파 1/2개(100g)
- 대파 20cm
- 청양고추 1개(생략 가능)
- 식용유 2큰술
- 들기름 1큰술
- 다진 마늘 1큰술
- 김치국물 1/4컵(50mℓ)
- 물 4컵(800mℓ)
- 국간장 1과 1/2작은술
  (김치 염도에 따라 가감)

응용법

황태 김치찌개 1/3분량에
밥 1공기(200g)를 넣고
5~8분간 밥알이 퍼질 때까지
저어가며 끓여 죽으로 즐겨도
좋아요.

1
양파는 반으로 썰어 1cm 두께로
채 썬다. 대파는 5cm 길이로 썰어
편 썬다. 청양고추는 어슷썬다.

2
황태채는 한입 크기로 자른다.
김치는 3cm 두께로 썬다.

3
냄비에 식용유, 들기름을 두르고
대파 1/2분량을 넣어
중약 불에서 30초간 볶는다.

4
양파, 다진 마늘을 넣고
1분간 볶는다.

5
김치, 황태채를 넣고
약한 불에서 김치가 투명해지고
흐물흐물해질 때까지
5~7분간 볶는다.

6
물 4컵(800mℓ), 김치국물을 넣고
센 불에서 끓어오르면
중간 불로 줄여 15~20분간 끓인다.

7
남은 대파, 청양고추, 국간장을
넣고 4분간 끓인다.

만두 김치전골

- 🕐 40~45분
- 🔺 2~3인분
- 🔳 냉장 3~4일

- 냉동 만두 10개(크기에 따라 가감)
- 익은 배추김치 1컵(150g)
- 차돌박이 100g
  (또는 쇠고기 불고기용)
- 느타리버섯 2줌
  (또는 다른 버섯, 100g)
- 애호박 1/4개(65g)
- 양파 1/4개(50g)
- 대파 15cm
- 김치국물 1/2컵(100㎖)
- 고춧가루 2작은술
- 액젓(멸치 또는 까나리) 1큰술
- 소금 1/4작은술

국물
- 국물용 멸치 25마리(25g)
- 다시마 5×5cm 3장
- 물 5컵(1ℓ)

밑간
- 맛술 1/2큰술
- 양조간장 1/2큰술
- 후춧가루 1/4작은술
- 참기름 1작은술

응용법

우동면을 더해도 좋아요.
끓는 물에 우동면 1팩(200g)을
넣고 센 불에서 포장지에 적힌
시간대로 삶아주세요.
마지막에 더하면 돼요.

1 차돌박이는 밑간 재료와
버무린다.

2 느타리버섯은 가닥가닥 뜯고,
애호박은 길이로 2등분한 후
0.5cm 두께로 썬다.
양파는 0.5cm 두께로 채 썬다.

3 대파는 어슷 썬다.
김치는 2cm 두께로 썬다.

4 달군 냄비에 멸치를 넣고 중간 불에서
1분간 볶는다. ＊내열용기에 펼쳐 담아
전자레인지에서 1분간 돌려도 좋다.

5 나머지 국물 재료를 넣고 중약 불에서
25분간 끓인 후 멸치, 다시마를
건져낸다. 국물은 볼에 덜어둔다.
＊완성된 국물의 양은
4컵(800㎖)이며 부족한 경우
물을 더한다.

6 냄비(또는 전골냄비)에
만두, 김치, 차돌박이, 느타리버섯,
애호박, 양파, 대파를 둘러 담는다.

7 ⑤의 국물, 김치국물, 고춧가루를
담고 센 불에서 끓인다.

8 끓어오르면 액젓을 넣고
중간 불에서 7~10분간 끓인 후
소금으로 부족한 간을 더한다.

수제비로 즐기기 응용

닭고기 감자 고추장찌개

- ⏱ 40~45분
- 🍚 2~3인분
- 🧊 냉장 3~4일

- 닭다리살 3쪽(300g)
- 감자 1/2개(100g)
- 양파 1/2개(100g)
- 표고버섯 3개(75g)
- 대파 15cm
- 청양고추 1개
  (기호에 따라 가감 또는 생략)
- 식용유 1큰술
- 다진 마늘 1작은술
- 물 3컵(600㎖)

- 고추장 4큰술
- 다시마 5×5cm 4장
- 소금 약간
- 후춧가루 약간

밑간
- 청주 1큰술
- 후춧가루 약간

응용법

수제비를 더해도 좋아요.
얼큰 버섯수제비(317쪽)의
수제비 반죽 1/2분량을 만든 후
과정 ⑦에서 중약 불로 줄일 때
더하세요. 또는 시판 수제비를
사용해도 돼요.

1
닭다리살은 한입 크기로 썬다.
볼에 밑간 재료와 넣어 버무려
10분간 둔다.

2
감자는 열십(+) 자로 썬 후
1cm 두께로 썬다.

3
양파, 표고버섯은 한입 크기로 썰고,
대파, 청양고추는 어슷 썬다.

4
달군 냄비에 식용유를 두르고
닭다리살, 다진 마늘을 넣어
중약 불에서 4분간 볶는다.

5
물 3컵(600㎖)을 넣고
센 불에서 끓어오르면
중간 불로 줄여 2분간 끓인다.

6
고추장을 넣어 풀고
중간 불에서 3분간 끓인다.

7
감자, 양파, 표고버섯, 다시마를
넣고 센 불에서 끓어오르면
중간 불로 줄여 5분,
중약 불로 줄여 5분간 끓인다.

8
대파, 청양고추를 넣어 1분간 끓인다.
소금, 후춧가루로 부족한 간을 더한다.

덮밥으로 즐기기 응용

감자 참치 고추장찌개

- ⏱ **40~45분**
- 🍽 **2~3인분**
- 🧊 **냉장 3~4일**

- 통조림 참치 1캔(150g)
- 감자 2개(400g)
- 양파 1/4개(50g)
- 깻잎 10장(또는 미나리 약 1/4줌)
- 대파 15cm
- 들깻가루 1~2큰술

국물
- 국물용 멸치 25마리(25g)
- 다시마 5×5cm 3장
- 물 5컵(1ℓ)

양념
- 고춧가루 3큰술
- 다진 마늘 1큰술
- 국간장 1/2큰술
- 고추장 1큰술
- 된장 1큰술
  (염도에 따라 가감)

응용법

덮밥으로 즐겨도 좋아요.
따뜻한 밥에 감자 참치 고추장찌개
적당량 + 참기름 1작은술을
곁들이면 돼요.

1
달군 냄비에 멸치를 넣고
중간 불에서 1분간 볶는다.
＊내열용기에 펼쳐 담아
전자레인지에서 1분간 돌려도 좋다.

2
나머지 국물 재료를 넣고 중약 불에서
25분간 끓인 후 멸치, 다시마를
건져낸다. ＊완성된 국물의 양은
4컵(800㎖)이며 부족한 경우
물을 더한다.

3
참치는 체에 밭쳐 기름기를 뺀다.

4
감자는 열십(+)자로 4등분한 후
2cm 두께로 썬다. 체에 밭쳐
흐르는 물에 헹궈 물기를 뺀다.

5
깻잎은 2등분한 후 2cm 두께로 썰고,
양파는 한입 크기로 썬다.
대파는 어슷 썬다.

6
②의 냄비에 감자, 양파,
양념 재료를 넣고 센 불에서
끓어오르면 중간 불로 줄여
7분간 끓인다.

7
참치를 넣고 섞지 않은 채
중간 불에서 3분, 깻잎, 대파,
들깻가루를 넣고 1분간 끓인다.
＊참치를 넣고 그대로 둬야
국물이 깔끔하다.

냉이 두부 토장찌개 _레시피 220쪽

삼겹살 쌈장찌개 _레시피 221쪽

냉이 두부 토장찌개

🕐 35~40분
△ 2~3인분
🔳 냉장 3~4일

- 냉이 5줌(100g)
- 두부 1/2모(150g)
- 된장 1과 1/2큰술(염도에 따라 가감)
- 고추장 1/2큰술

국물
- 국물용 멸치 25마리(25g)
- 두절 건새우 1/2컵(15g)
- 다시마 5×5cm 2장
- 물 5컵(1ℓ)

응용법

조갯살 100g을
과정 ⑦에서 된장과 함께 넣고
끓여도 좋아요.

1

달군 냄비에 멸치를 넣고
중간 불에서 1분간 볶는다.
＊내열용기에 펼쳐 담아
전자레인지에서 1분간 돌려도 좋다.

2

나머지 국물 재료를 넣고
중약 불에서 25분간 끓인 후 멸치,
다시마, 두절 건새우를 건져낸다.
＊완성된 국물의 양은 4컵(800㎖)
이며 부족한 경우 물을 더한다.

3

냉이는 시든 잎을 떼어낸 후
작은 칼을 이용해 뿌리 부분의 흙과
잔뿌리를 긁어낸다.

4

큰 볼에 냉이와 잠길 만큼의 물을
담아 흔들어 씻은 후 체에 밭쳐
물기를 뺀다.

5

냉이는 3~4cm 길이로 썬다.

6

두부는 2등분한 후
1cm 두께로 썬다.

7

②의 냄비에 된장, 고추장을
넣어 풀어준 다음 센 불에서
끓어오르면 중간 불로 줄여
뚜껑을 덮고 2분간 끓인다.

8

냉이, 두부를 넣고 뚜껑을 덮어
2분간 끓인다.

삼겹살 쌈장찌개

⏱ **30~35분**
△ **2~3인분**
🄑 **냉장 3~4일**

- 돼지고기 삼겹살 200g
  (또는 목살, 찌개용)
- 감자 1/2개(100g)
- 양파 1/4개(50g)
- 대파 20cm
- 청양고추 2개
- 소금 약간

양념
- 고춧가루 1큰술
- 다진 마늘 1/2큰술
- 된장 2큰술(염도에 따라 가감)
- 고추장 1큰술
- 참기름 1작은술

국물
- 국물용 멸치 5마리
- 다시마 5×5cm 3장
- 물 4컵(800㎖)

응용법

모둠 버섯 50g을 가닥가닥 뜯거나,
한입 크기로 썰어서
과정 ⑥에서 감자와 함께 넣고
끓여도 좋아요.

1
볼에 양념을 섞는다.

2
감자, 양파는 사방 2cm 크기로
썬다. 대파, 청양고추는 어슷 썬다.

3
삼겹살은 키친타월로 감싸
핏물을 없앤 후 한입 크기로 썬다.

4
냄비에 삼겹살을 넣고
중간 불에서 3분간 볶는다.
＊고기를 먼저 볶아야 누린내가
제거되고 고소한 기름이 빠져나와
국물이 더 맛있다.

5
양념, 국물 재료를 넣고 센 불에서
끓어오르면 중약 불로 줄여
10분간 끓인 후
멸치, 다시마를 건져낸다.

6
감자를 넣고 5분, 양파, 대파,
청양고추를 넣고 2분간 끓인다.
소금으로 부족한 간을 더한다.

쇠고기국
4가지 레시피

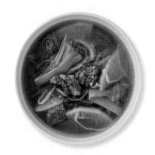

맑은 육개장
구수한 쇠고기 양지, 숙주, 고사리를
듬뿍 더한, 맵지 않은 맑은 육개장

··→ 223쪽

들깨 쇠고기국
쇠고기와 무를 더해 푹 익힌 덕분에
구수한 맛이 참 좋은 국

··→ 223쪽

얼큰 시래기 쇠고기국
쇠고기, 시래기를 넣고 끓인 덕분에
고향의 맛이 생각나는 얼큰한 국

··→ 226쪽

숙주 쇠고기국
아삭한 숙주와 부드러운 샤부샤부용 고기를
듬뿍 더한 국

··→ 228쪽

맑은 육개장 _레시피 224쪽

들깨 쇠고기국 _레시피 225쪽

맑은 육개장

- 🕐 50~55분
- △ 2~3인분
- 🗄 냉장 5일

- 쇠고기 양지 200g
- 숙주 2줌(100g)
- 무 지름 10cm,
  두께 1.5cm(150g)
- 삶은 고사리 100g
- 대파 20cm
- 물 8컵(1.6ℓ)
- 다시마 5×5cm 4장
- 국간장 1큰술
  (기호에 따라 가감)
- 후춧가루 약간
- 소금 약간
- 들기름 1큰술

밑간
- 다진 마늘 1큰술
- 국간장 1큰술
- 참기름 약간

응용법
- 과정 ④에서 대파와 함께
  고춧가루 1큰술을 넣어
  매콤하게 즐겨도 좋아요.
- 삶은 고사리는 통조림 제품이나
  마트 신선식품 코너에서
  구입할 수 있어요.

1
쇠고기는 키친타월로 감싸
핏물을 없앤 후 한입 크기로 썬다.
볼에 밑간 재료와 넣고 버무려
10분간 둔다.

2
숙주는 체에 밭쳐 흐르는 물에
씻은 후 물기를 뺀다.

3
무는 6등분한 후 0.5cm 두께로
썬다. 고사리는 흐르는 물에 헹궈
물기를 꼭 짠 후 4cm 길이로 썬다.
대파는 5cm 길이로 썬 후 편 썬다.

4
달군 냄비에 들기름을 두르고
대파를 넣어 약한 불에서 1분,
쇠고기, 무를 넣고
중간 불에서 2분간 볶는다.

5
물 8컵(1.6ℓ), 다시마를 넣어
센 불에서 끓어오르면
중약 불로 줄여 20분간 끓인 후
다시마는 건져낸다.
＊끓어오르면서 생기는 거품은
고운 체 또는 숟가락으로 걷어낸다.

6
고사리, 국간장을 넣고
중약 불에서 10분, 숙주, 후춧가루를
넣고 3분간 끓인다.
소금으로 부족한 간을 더한다.

들깨 쇠고기국

⏱ **1시간~1시간 5분**
🍚 **2~3인분**
❄ **냉장 5일**

- 쇠고기 양지 200g
- 무 지름 10cm, 두께 1cm(100g)
- 대파 15cm
- 참기름 1작은술
- 소금 1/2작은술(기호에 따라 가감)
- 국간장 1작은술(기호에 따라 가감)
- 들깻가루 5큰술(기호에 따라 가감)

양념
- 청주 1큰술
- 국간장 1큰술
- 다진 마늘 1/2큰술
- 후춧가루 약간

국물
- 다시마 5×5cm 3장
- 물 4와 1/2컵(900㎖)

응용법

두부 1/3모(100g)를
한입 크기로 썬 후
과정 ⑥에서 들깻가루와 함께
넣어도 좋아요.

1 무는 2등분한 후 1cm 두께로 썬다. 대파는 3cm 길이로 썬 후 편 썬다.

2 쇠고기는 키친타월로 감싸 핏물을 없앤 후 한입 크기로 썬다.

3 큰 볼에 양념 재료를 넣어 섞은 후 ②의 쇠고기, 대파를 넣고 버무려 10분간 둔다.

4 달군 냄비에 참기름을 두르고 무, 소금을 넣어 약한 불에서 2분, ③을 넣고 중간 불로 올려 3분간 볶는다.

5 국물 재료를 넣고 센 불에서 끓어오르면 약한 불로 줄인 후 뚜껑을 덮고 30분간 끓인다.

6 들깻가루, 국간장을 넣고 섞은 후 다시 뚜껑을 덮고 10분간 끓인다.
＊국물용 다시마는 건져내도 좋고, 채 썰어 함께 더해도 좋다.

얼큰 시래기 쇠고기국

⏱ 50~55분
🥣 2~3인분
🗄 냉장 5일

- 쇠고기 양지 200g
- 무 지름 10cm, 두께 1cm(100g)
- 삶은 시래기 240g
- 대파 15cm
- 다시마 5×5cm 4장
- 물 3큰술 + 7과 1/2컵(1.5ℓ)
- 국간장 1큰술 + 1작은술
- 고춧가루 2큰술
- 다진 마늘 1큰술
- 된장 2큰술(염도에 따라 가감)
- 후춧가루 약간
- 소금 약간

응용법

삶은 시래기는 통조림 제품이나 마트 신선식품 코너에서 구입할 수 있어요.

1 쇠고기는 키친타월로 감싸 핏물을 뺀 후 한입 크기로 썬다.

2 삶은 시래기는 흐르는 물에 헹궈 물기를 꼭 짠 후 한입 크기로 썬다.

3 무는 한입 크기로 썬 후 0.3cm 두께로 썰고, 대파는 송송 썬다.

4 달군 냄비에 무, 물 3큰술, 국간장 1큰술을 넣고 중간 불에서 무가 투명해질 때까지 5분간 볶는다.
＊무를 끓이기 전에 볶으면 단맛이 더 잘 우러나고, 오래 끓여도 덜 부서진다.

5 물 7과 1/2컵(1.5ℓ), 다시마를 넣고 센 불에서 끓어오르면 쇠고기, 고춧가루, 된장을 넣는다.

6 중약 불로 줄여 10분간 끓인 후 다시마를 건져낸다.
＊끓어오르면서 생기는 거품은 고운 체 또는 숟가락으로 걷어낸다.

7 시래기를 넣고 뚜껑을 덮은 다음 약한 불에서 25분간 끓인다.
＊약한 불에서 은근하게 끓여야 시래기가 부드러워진다.

8 대파, 다진 마늘, 국간장 1작은술을 넣고 뚜껑을 덮어 약한 불에서 5분간 끓인다. 후춧가루를 넣고 소금으로 부족한 간을 더한다.

숙주 쇠고기국

🕐 35~40분
△ 2~3인분
🔒 냉장 2일

- 쇠고기 샤부샤부용 300g
  (또는 차돌박이)
- 숙주 2줌(100g)
- 대파 15cm
- 참기름 1큰술
- 국간장 2큰술
  (기호에 따라 가감)
- 맛술 1큰술
- 다진 마늘 1작은술

국물
- 국물용 멸치 25마리(25g)
- 다시마 5×5cm 4장
- 물 7컵(1.4ℓ)

응용법

쌀국수 1줌(50g)을 포장지에
적힌 시간대로 삶은 후
마지막에 더하면 돼요.
이때, 고수를 함께 더하면 더욱
이국적인 맛으로 즐길 수 있어요.

1

달군 냄비에 멸치를 넣고
중간 불에서 1분간 볶는다.
＊ 내열용기에 펼쳐 담아
전자레인지에서 1분간 돌려도 좋다.

2

나머지 국물 재료를 넣고 중약 불에서
25분간 끓인 후 멸치, 다시마를
건져낸다. 국물은 볼에 덜어둔다.
＊ 완성된 국물의 양은 6컵(1.2ℓ)이며
부족한 경우 물을 더한다.

3

대파는 5cm 길이로 썰어 편 썬다.
숙주는 체에 밭쳐 흐르는 물에
씻은 후 그대로 물기를 뺀다.

4

달군 냄비에 참기름을 두르고
대파를 넣어 약한 불에서
1분간 볶는다.

5

샤부샤부용 고기를 넣어 2분간
볶은 다음 ②의 국물을 더해
센 불에서 끓어오르면 5분간 끓인다.
＊ 끓어오르면서 생기는 거품은
고운 체 또는 숟가락으로 걷어낸다.

6

숙주, 국간장, 맛술, 다진 마늘을 넣어
3분간 끓인다.

미역국 & 굴국
4가지 레시피

굴 미역국
탱글탱글한 굴의 식감을 맛볼 수 있는
미역국

⋯▶ 231쪽

새우 미역국
새우를 저미듯이 썰어서 더한 덕분에
익으면서 꼬불꼬불해지는 모양마저 예쁜
미역국

⋯▶ 231쪽

매생이 굴국
후루룩 마시면 목넘김이 좋은 매생이, 굴을
더한 국

⋯▶ 234쪽

순두부 굴국
큼직하게 숭덩숭덩 떠 넣은 순두부,
감칠맛 진한 굴을 더한 국

⋯▶ 236쪽

굴 미역국 _레시피 232쪽

새우 미역국 _레시피 233쪽

굴 미역국

- 40~45분
- 2~3인분
- 냉장 3~4일

- 마른 실미역 1줌(10g)
- 굴 1컵(200g)
- 다진 마늘 1/2큰술
- 국간장 1큰술
  (기호에 따라 가감)
- 들기름 1큰술
- 물 1컵(200㎖) + 3과 1/2컵(700㎖)
- 소금 1/2작은술
  (기호에 따라 가감)

응용법

굴은 동량(200g)의 홍합살,
바지락살, 조갯살로
대체해도 좋아요.

1
볼에 마른 실미역과 찬물(3컵)을 담아 15분간 불린다.

2
굴은 체에 넣고 물(4컵) + 소금(1/2큰술)이 담긴 다른 볼에 넣어 살살 흔들어 씻은 후 물기를 뺀다.

3
①의 미역은 바락바락 주물러 거품이 나오지 않을 때까지 깨끗이 헹군다. 체에 밭쳐 물기를 뺀 후 손으로 물기를 꼭 짜 2~3cm 길이로 썬다.

4
달군 냄비에 들기름을 두르고 다진 마늘, 미역을 넣어 중간 불에서 3분, 물 1컵(200㎖)을 조금씩 나눠 부으며 5분간 볶는다.
* 물을 조금씩 더하며 오래 볶으면 미역의 진한맛이 더 잘 우러나온다.

5
물 3과 1/2컵(700㎖)을 붓고 센 불에서 끓어오르면 약한 불로 줄여 10분간 끓인다.

6
굴을 넣고 센 불에서 끓어오르면 2분, 국간장, 소금을 넣고 1분간 끓인다.

새우 미역국

🕐 40~45분
△ 2~3인분
🅑 냉장 3~4일

- 생새우살 10마리(100g)
- 마른 실미역 1줌(10g)
- 다진 마늘 1큰술
- 들기름 1큰술
- 액젓 2작은술
  (멸치 또는 까나리,
  기호에 따라 가감)
- 물 1컵(200㎖) + 3과 1/2컵(700㎖)
- 소금 약간

응용법

떡국 떡 1컵(100g)을 물에 데쳐
말랑하게 만든 후
마지막에 넣어도 좋아요.

1
볼에 마른 실미역과 찬물(3컵)을
담아 15분간 불린다.

2
생새우살은 사진과 같이
2등분으로 저민다.

3
①의 미역은 바락바락 주물러
거품이 나오지 않을 때까지
깨끗이 헹군다. 체에 밭쳐 물기를
뺀 후 손으로 물기를 꼭 짜
2~3cm 길이로 썬다.

4
달군 냄비에 들기름을 두르고
다진 마늘, 미역을 넣어
중간 불에서 3분, 물 1컵(200㎖)을
조금씩 나눠 부으며 5분간 볶는다.
＊물을 조금씩 더하며 오래 볶으면
미역의 진한맛이 더 잘 우러나온다.

5
물 3과 1/2컵(700㎖)을 붓고
센 불로 올려 끓어오르면
약한 불로 줄여 10분간 끓인다.

6
새우, 국간장을 넣고 중약 불에서
5분간 끓인 후 불을 끈다.
소금으로 부족한 간을 더한다.

응용 부추 곁들이기

매생이 굴국

⏱ 30~35분
🍲 2~3인분
🧊 냉장 2~3일

- 건조 매생이 6g
- 굴 1컵(200g)
- 무 지름 10cm, 두께 1cm(100g)
- 다시마 5cm×5cm 3장
- 물 6컵(1.2ℓ)
- 다진 마늘 1/2큰술
- 국간장 1큰술
  (기호에 따라 가감)
- 참기름 1작은술

응용법

- 건조 매생이는 생 매생이나 냉동 매생이로 대체해도 돼요. 생 매생이 1컵(100g)을 체에 밭쳐 물에 담가 살살 흔들어 씻은 후 그대로 물기를 빼요. 가위로 2~3등분한 후 동일하게 만들면 돼요. 냉동 매생이 1컵(100g)은 그대로 더하면 돼요.
- 송송 썬 부추를 마지막에 더해도 좋아요.

1
굴은 체에 넣고 물(4컵) + 소금(1/2큰술)이 담긴 볼에서 살살 흔들어 씻은 후 물기를 뺀다.

2
무는 열십(+) 자로 썬 후 최대한 얇게 썬다.

3
냄비에 무, 다시마, 물 6컵(1.2ℓ)을 넣고 센 불에서 끓어오르면 중약 불로 줄여 15분간 끓인다.

4
다시마는 건져내고 굴을 넣어 센 불에서 3분간 끓인다.

5
매생이, 다진 마늘을 넣고 5분간 끓인다. 참기름, 국간장으로 부족한 간을 더한다.

응용 더 시원하고 매콤하게 즐기기

순두부 굴국

🕐 40~45분
△ 2~3인분
🧊 냉장 2~3일

- 순두부 1봉(300g)
- 굴 1컵(200g)
- 표고버섯 2개
  (또는 다른 버섯, 50g)
- 고추(청양고추, 홍고추) 2개
- 대파 10cm
- 소금 약간

국물
- 국물용 멸치 35마리(35g)
- 두절 건새우 1컵(30g)
- 다시마 5×5cm 4장
- 물 7컵(1.4ℓ)

양념
- 다진 마늘 1/2큰술
- 청주 2큰술
- 액젓(멸치 또는 까나리) 2작은술
- 새우젓 2작은술
- 후춧가루 약간

응용법

무 100g을 얇고 나박하게 썰어서 과정②에서 국물 재료와 함께 더하면 시원한 맛으로, 고춧가루 적당량을 더해 마지막에 더하면 매콤하게 즐길 수 있어요.

1
달군 냄비에 멸치를 넣고 중간 불에서 1분간 볶는다.
＊내열용기에 펼쳐 담아 전자레인지에서 1분간 돌려도 좋다.

2
나머지 국물 재료를 넣고 중약 불에서 25분간 끓인 후 멸치, 다시마, 두절 건새우를 건져낸다.
＊완성된 국물의 양은 6컵(1.2ℓ)이며 부족한 경우 물을 더한다.

3
굴은 체에 넣고 물(4컵) + 소금(1/2큰술)이 담긴 볼에서 살살 흔들어 씻은 후 물기를 뺀다.

4
표고버섯은 0.5cm 두께로 썰고 고추, 대파는 어슷 썬다. 볼에 양념을 섞는다.

5
②의 냄비에 표고버섯을 넣고 센 불에서 끓어오르면 중약 불로 줄여 5분간 끓인다.

6
순두부를 넣고 숟가락으로 큼직하게 가르며 끓인다.

7
끓어오르면 굴, 고추, 대파를 넣고 3~4분, 양념을 넣고 2분간 끓인다. 소금으로 부족한 간을 더한다.

콩비지 & 청국장 & 순두부
8가지 레시피

돼지고기 콩비지찌개
고소한 돼지고기와 콩비지,
아삭한 김치를 넣고 팔팔 끓인
찌개

⋯→ 239쪽

무 콩비지찌개
콩비지, 무, 버섯을 함께 넣고
끓여 시원함, 부드러움을 동시에
느낄 수 있는 찌개

⋯→ 239쪽

두부 청국장찌개
돼지고기, 애호박, 두부,
배추김치를 더한 가장 기본에
충실한 청국장 찌개

⋯→ 242쪽

달래 김치 청국장찌개
봄에만 만날 수 있는 달래를 듬뿍
더해 향이 참 좋은 찌개

⋯→ 242쪽

돼지고기 청국장전골
부드럽게 삶은 얼갈이배추,
돼지고기 목살을 더해 씹는 맛이
즐거운 전골

⋯→ 243쪽

차돌박이 순두부찌개
고소한 차돌박이와 순두부, 양파,
모둠 버섯까지 맛볼 수 있는 찌개

⋯→ 247쪽

나가사키 순두부탕
이자까야에서 먹어본 바로 그
맛! 순두부까지 더해 부드러움을
살린 탕

⋯→ 248쪽

오징어 순두부국
쫄깃한 오 징어의 식감과
부드러운 목넘김이 좋은
순두부가 가득한 국

⋯→ 249쪽

무 콩비지찌개 _레시피 241쪽

돼지고기 콩비지찌개 _레시피 240쪽

돼지고기 콩비지찌개

- 🕐 **35~40분**
- ⌂ **2~3인분**
- 🄑 **냉장 3~4일**

- 다진 돼지고기 200g
- 익은 배추김치 2/3컵(100g)
- 콩비지 1봉(300g)
- 대파 20cm
- 들기름(또는 참기름) 1큰술
- 물 2컵(400㎖)
- 다시마 5×5cm 3장
- 새우젓 1/2큰술
- 소금 약간

밑간
- 소금 1/3작은술
- 다진 마늘 1작은술
- 청주 2작은술

> **응용법**
>
> 돼지고기 콩비지찌개 1/2분량에
> 밥 1공기(200g)를 넣고
> 5~8분간 밥알이 퍼질 때까지
> 저어가며 끓여 죽으로 즐겨도
> 좋아요.

1
돼지고기는 키친타월로 감싸
핏물을 없앤다.

2
볼에 돼지고기, 밑간 재료를 넣고
버무려 10분간 둔다.

3
배추김치는 흐르는 물에 씻어
물기를 꼭 짠 후 2cm 두께로 썬다.
대파는 송송 썬다.

4
달군 냄비에 들기름을 두른 후
돼지고기를 넣어 중간 불에서 3분,
김치를 넣고 2분간 볶는다.

5
물 2컵(400㎖), 다시마, 새우젓을
넣고 센 불에서 끓어오르면
중약 불로 줄여 뚜껑을 덮고
15분간 끓인다.

6
다시마를 건져낸 후 콩비지를 넣고
중약 불에서 7분, 대파를 넣어
3분간 저어가며 끓인다.
소금으로 부족한 간을 더한다.

무 콩비지찌개

⏱ 45~50분
⌂ 2~3인분
🅑 냉장 2~3일

- 콩비지 1봉(300g)
- 무 지름 10cm,
  두께 1.5cm(150g)
- 새송이버섯 1개
  (또는 다른 버섯, 80g)
- 양파 1/4개(50g)
- 대파 15cm
- 청양고추 1개(기호에 따라 가감)

국물
- 국물용 멸치 25마리(25g)
- 다시마 5×5cm 4장
- 물 4컵(800㎖)

양념
- 고춧가루 1큰술
- 다진 마늘 1큰술
- 된장 3큰술(염도에 따라 가감)

응용법

양념의 고춧가루, 재료의
청양고추를 생략하면
아이용으로 맵지 않게
만들 수 있어요.

1
달군 냄비에 멸치를 넣고
중간 불에서 1분간 볶는다.

2
나머지 국물 재료를 넣고 중약 불에서
25분간 끓인 후 멸치, 다시마를
건져낸다. ＊완성된 국물의 양은
3컵(600㎖)이며 부족한 경우
물을 더한다.

3
무는 열십(+) 자로 썬 후
0.5cm 두께로 썰고,
새송이버섯은 길이로 2등분한 후
0.5cm 두께로 썬다.

4
양파는 한입 크기로 썰고,
대파, 청양고추는 송송 썬다.
작은 볼에 양념 재료를 섞는다.

5
②의 냄비에 무, 양파, 양념을 넣고
중간 불에서 13분, 새송이버섯, 대파,
청양고추를 넣어 3분간 끓인다.

6
콩비지를 넣고 중간 불에서 저어가며
5분간 끓인다.

두부 청국장찌개 _레시피 244쪽

달래 김치 청국장찌개 _레시피 245쪽

돼지고기 청국장 전골 _레시피 246쪽

두부 청국장찌개

⏱ **40~45분**
⌂ **2~3인분**
🄱 **냉장 3일**

- 다진 돼지고기 100g
- 애호박 1/2개(135g)
- 두부 1/2모(150g)
- 익은 배추김치 2/3컵(100g)
- 청국장 1컵
  (염도에 따라 가감, 200g)
- 대파 20cm
- 들기름 1큰술

국물
- 국물용 멸치 25마리(25g)
- 다시마 5×5cm 4장
- 물 3컵(600㎖)

밑간
- 고춧가루 1큰술
- 맛술 1큰술
- 된장 1작은술
  (염도에 따라 가감)
- 후춧가루 약간

> **응용법**
>
> 따뜻한 밥에 두부 청국장찌개
> 적당량 + 참기름 약간을 곁들여
> 덮밥으로 즐겨도 좋아요.

1
달군 냄비에 멸치를 넣고
중간 불에서 1분간 볶는다.

2
나머지 국물 재료를 넣고 중약 불에서
25분간 끓인 후 멸치, 다시마를
건져낸다. 국물은 볼에 덜어둔다.
＊완성된 국물의 양은 2컵(400㎖)이며
부족한 경우 물을 더한다.

3
돼지고기는 키친타월로 감싸
핏물을 없앤 후 밑간 재료와
버무려 10분간 둔다.

4
애호박은 사방 1cm 크기로 썰고,
대파는 송송 썬다. 김치는 속을
털어낸 후 1×1cm 크기로 썬다.

5
두부는 주걱으로 대강 으깬다.

6
냄비에 들기름, 돼지고기를 넣고
중간 불에서 1분, 김치를 넣고
1분간 볶는다.

7
애호박, ②의 국물을 넣고
센 불에서 끓어오르면 5분간 끓인다.

8
두부, 청국장, 대파를 넣어 중간 불로
줄여 다시 끓어오르면 5분간 끓인다.
＊청국장은 오래 끓이면 풍미가
줄어들고, 영양소가 손실되므로
시간을 지킨다.

달래 김치 청국장찌개

⏱ 35~40분
△ 2~3인분
🔲 냉장 2일

- 익은 배추김치 1컵(150g)
- 대패 삼겹살 150g
- 달래 1줌(50g)
- 두부 1/2모(150g)
- 대파 15cm
- 청양고추 1개(생략 가능)
- 들기름 1큰술
- 청국장 1/4컵
  (염도에 따라 가감, 50g)
- 된장 1큰술(염도에 따라 가감)
- 김치국물 1/4컵(50㎖)

국물
- 국물용 멸치 25마리(25g)
- 다시마 5×5cm 4장
- 물 3과 1/2컵(700㎖)

응용법

달래는 동량(50g)의 냉이로
대체해도 좋아요.

1

달군 냄비에 멸치를 넣고
중간 불에서 1분간 볶는다.

2

나머지 국물 재료를 넣고 중약 불에서
25분간 끓인 후 멸치, 다시마를
건져낸다. 국물은 볼에 덜어둔다.
＊완성된 국물의 양은
2와 1/2컵(500㎖)이며
부족한 경우 물을 더한다.

3

달래는 시든 잎을 떼고 알뿌리의
껍질을 벗긴다. 뿌리쪽의
검은 부분(사진의 동그라미)을
뜯어낸 후 흐르는 물에 씻는다.

4

알뿌리가 굵은 것은 칼날로 눌러
으깬다. 달래는 3cm 길이로 썬다.

5

두부는 한입 크기로 썬다.
김치는 3cm 크기로 썬다.
대파, 청양고추는 어슷 썬다.

6

달군 냄비에 들기름을 두르고
대파 1/2분량을 넣어 약한 불에서 1분,
중간 불로 올려 김치를 넣고
3분간 볶는다.

7

대패 삼겹살을 넣고 2분간 볶는다.
김치 국물, ②의 국물을 넣고
센 불에서 5분간 끓인다.

8

청국장, 된장을 넣어 섞은 후
두부를 넣어 5분,
달래, 남은 대파, 청양고추를 넣고
1분간 끓인다.

돼지고기 청국장 전골

- ⏱ **40~45분**
- ⛰ **3~4인분**
- 🅖 **냉장 2~3일**

- 돼지고기 불고기용 300g
- 청국장 3/4컵
  (염도에 따라 가감, 150g)
- 데친 얼갈이배추 250g
- 양파 1/2개(100g)
- 표고버섯 3개(75g)
- 대파 20cm
- 청양고추 1개(기호에 따라 가감)
- 홍고추 1개(생략 가능)
- 물 5컵(1ℓ)
- 다시마 5×5cm 3장

밑간
- 다진 마늘 1/2큰술
- 맛술 1큰술
- 국간장 1큰술
- 참기름 약간

양념
- 고춧가루 2큰술
- 들깻가루 1큰술
- 다진 마늘 1/2큰술
- 된장 1/2큰술
  (염도에 따라 가감)

> **응용법**
>
> 얼갈이배추는 직접 데쳐서
> 사용해도 좋아요. 얼갈이배추
> 4개(300g)를 끓는 물(5컵) +
> 소금(1큰술)에 1분간 데친 다음
> 찬물에 헹궈 물기를 꼭 짜서
> 사용하세요.

1
돼지고기는 키친타월로 감싸
핏물을 없앤 후 한입 크기로 썬다.

2
볼에 돼지고기, 밑간 재료를 넣고
버무려 10분간 둔다.

3
데친 얼갈이배추는 흐르는 물에
씻어 물기를 꼭 짠다. 밑동을
제거하고 4cm 길이로 썬다.

4
다른 볼에 얼갈이배추,
양념 재료를 넣고 무쳐둔다.

5
양파, 표고버섯은 1cm 두께로
썬다. 대파, 청양고추, 홍고추는
어슷 썬다.

6
냄비(또는 전골냄비)에 돼지고기,
얼갈이배추, 양파, 표고버섯, 대파를
돌려 담는다.

7
물 5컵(1ℓ), 다시마를 넣고
센 불에서 끓어오르면 중약 불로
줄여 뚜껑을 덮고 20분간 끓인다.
＊끓어오르면서 생기는 거품은
고운 체 또는 숟가락으로 걷어낸다.

8
뚜껑을 열어 다시마를 건져낸 후
청국장을 넣고 푼다. 청양고추,
홍고추를 넣어 중간 불에서
5분간 끓인다.

🕐 20~25분
🍚 2~3인분
🔒 냉장 3~4일

- 순두부 1봉(300g)
- 차돌박이 200g
- 양파 1/4개(50g)
- 모둠 버섯 100g
- 대파 15cm
- 청양고추 1개(기호에 따라 가감)
- 시판 사골국물 2컵(무염, 400㎖)
- 고추기름 1과 1/2큰술
- 새우젓 1큰술
  (기호에 따라 가감)

양념
- 고춧가루 3큰술
- 다진 마늘 1큰술
- 청주 1큰술
- 국간장 1과 1/2큰술
- 후춧가루 약간

응용법
마지막에 달걀 1개를 깨뜨려 넣고
남은 열로 익혀서 즐겨도 좋아요.

차돌박이 순두부찌개

1
양파는 한입 크기로 썰고,
버섯은 먹기 좋은 크기로 썰거나
가닥가닥 뜯는다.
대파, 청양고추는 송송 썬다.

2
차돌박이는 2~3등분한다.
양념 재료를 섞은 후 대파 1/3분량,
차돌박이를 넣고 버무려 냉장실에서
10분간 둔다.
*대파를 양념과 먼저 버무려두면
과정 ③에서 볶았을 때 풍미가
더 좋아진다.

3
달군 냄비에 고추기름, ②, 양파를
넣고 약한 불에서 2~3분간 볶는다.

4
시판 사골국물, 새우젓을 넣고
센 불에서 끓어오르면 모둠 버섯,
순두부, 남은 대파, 청양고추를 넣고
중약 불로 줄여 8분간 끓인다.
이때, 순두부는 숟가락으로 가른다.

응용 우동면 더하기

나가사키 순두부탕 _레시피 250쪽

오징어 순두부국 _레시피 251쪽

나가사키 순두부탕

- ⏱ **20~25분**
- △ **2~3인분**
- 🅑 **냉장 2~3일**

- 순두부 1봉(300g)
- 새우 8마리(또는 생새우살 킹사이즈 12마리, 240g)
- 숙주 2줌(100g)
- 양배추 2장(손바닥 크기, 또는 알배기배추 2장, 60g)
- 양파 1/4개(50g)
- 대파 20cm
- 청양고추 1개(기호에 따라 가감)
- 국간장 1작은술
- 소금 약간
- 통후추 간 것 약간

- 식용유 1큰술
- 가쓰오부시 1컵 (5g, 생략 가능)
- 시판 사골국물 2와 1/2컵 (무염, 500㎖)

응용법

우동면을 더해도 좋아요.
끓는 물에 우동면 1팩(200g)을
넣고 센 불에서 포장지에 적힌
시간대로 삶아주세요.
마지막에 더하면 돼요.

1

새우는 손질한다.
＊새우 껍데기 그대로 두고
손질하기 10쪽

2

냄비에 사골국물을 넣고
센 불에서 끓어오르면 불을 끈다.
가쓰오부시를 넣어 5분간
우려낸 후 체로 가쓰오부시를
건져낸다. 국물은 볼에 덜어둔다.

3

양배추, 양파는 1cm 크기로,
대파, 청양고추는 어슷 썬다.

4

숙주는 체에 밭쳐 흐르는 물에 씻은 후
그대로 물기를 뺀다.

5

달군 냄비에 식용유를 두르고
양배추, 양파, 청양고추를 넣어
센 불에서 1분간 볶는다.

6

숙주, 소금을 넣고 2~3분간
그을리듯 불맛나게 볶는다.

7

②의 육수, 국간장, 새우, 순두부를
넣는다. 순두부를 숟가락으로
큼직하게 가르며
중간 불에서 5분간 끓인다.

8

대파, 통후추 간 것을 넣어
1분간 끓인다.
소금으로 부족한 간을 더한다.

오징어 순두부국

- 🕐 40~45분
- 🍽 2~3인분
- ❄ 냉장 2~3일

- 오징어 1마리
  (270g, 손질 후 180g)
- 순두부 1봉(300g)
- 양파 1/2개(100g)
- 대파 20cm
- 다진 마늘 1작은술
- 국간장 1작은술
- 액젓(멸치 또는 까나리) 1큰술

국물
- 국물용 멸치 25마리(25g)
- 다시마 5×5cm 3장
- 물 7컵(1.4ℓ)

응용법

오징어는 동량(180g)의 새우로 대체해도 좋아요.

1
달군 냄비에 멸치를 넣고 중간 불에서 1분간 볶는다.
* 내열용기에 펼쳐 담아 전자레인지에서 1분간 돌려도 좋다.

2
나머지 국물 재료를 넣고 중약 불에서 25분간 끓인 후 멸치, 다시마를 건져낸다.
* 완성된 국물의 양은 6컵(1.2ℓ)이며 부족한 경우 물을 더한다.

3
양파는 0.5cm 두께로 채 썰고, 대파는 어슷 썬다.

4
오징어는 손질한다. 몸통은 길이로 2등분한 후 1cm 두께로 썰고, 다리는 5cm 길이로 썬다.
* 오징어 몸통 갈라 손질하기 11쪽

5
②의 냄비에 오징어, 양파, 다진 마늘을 넣고 센 불에서 끓어오르면 중간 불로 줄여 3분간 끓인다.

6
순두부, 국간장을 넣고 순두부를 숟가락으로 큼직하게 가르며 센 불에서 5분간 끓인다.

7
대파를 넣고 1분간 끓인다. 액젓으로 부족한 간을 더한다.

해산물 맑은탕 & 매운탕
6가지 레시피

콩나물 낙지맑은탕
낙지를 통째로 넣고 청양고추, 미나리를
팍팍 더한 맑은탕

··→ 253쪽

새우맑은탕
달큰한 맛이 좋은 새우를 한가득 더해
시원한 맛이 참 좋은 맑은탕

··→ 253쪽

조개 버섯매운탕
조개가 가진 감칠맛이 국물에 녹아 들어
더욱 맛있는 매운탕

··→ 256쪽

우럭매운탕
살이 통통한 우럭을 통째로 넣고
두부, 무, 미나리로 비린맛을
싹 감춘 매운탕

··→ 258쪽

깻잎 주꾸미매운탕
주꾸미를 마지막에 넣고 살짝 익혀
부드러운 식감과 향이 그대로 살아 있는
매운탕

··→ 259쪽

오징어 새우매운탕
오징어, 새우를 푸짐하게 넣고 칼칼한 양념에
푹 끓인 매운탕

··→ 262쪽

콩나물 낙지맑은탕 _레시피 254쪽

새우맑은탕 _레시피 255쪽

콩나물 낙지맑은탕

⏱ **25~30분**
△ **2~3인분**
🔲 **냉장 2~3일**

- 낙지 2마리(280g)
- 콩나물 3줌(150g)
- 양파 1/2개(100g)
- 표고버섯 4개(또는 다른 버섯, 100g)
- 미나리 1줌(50g)
- 대파 15cm
- 청양고추 1개
- 물 4컵(800㎖)
- 액젓(멸치 또는 까나리) 1큰술
- 국간장 1작은술
- 소금 약간
- 후춧가루 약간

> **응용법**
>
> 낙지는 동량(280g)의 오징어로
> 대체해도 좋아요.

1
콩나물은 체에 밭쳐 흐르는 물에
씻어 그대로 물기를 뺀다.
대파, 청양고추는 어슷 썬다.

2
양파, 표고버섯은 1cm 두께로
썬다. 미나리는 5cm 길이로 썬다.

3
낙지는 손질한다.
*낙지 손질하기 11쪽

4
냄비에 콩나물, 양파, 표고버섯,
물 4컵(800㎖)을 넣고 센 불에서
끓어오르면 중간 불로 줄여
3분 30초간 끓인다.

5
낙지를 통째로 넣어 센 불에서
2분간 끓인다.

6
대파, 청양고추를 넣고 중간 불에서
1분간 저어가며 끓인다.
액젓, 국간장을 넣고 3분간 끓인다.

7
불을 끄고 소금, 후춧가루로 부족한
간을 더한 후 미나리를 더한다.

새우맑은탕

🕐 35~40분
⌂ 2~3인분
🔲 냉장 2~3일

- 새우 8마리(240g)
- 콩나물 1줌(50g)
- 무 지름 10cm, 두께 1cm(100g)
- 청양고추 1개
- 대파 10cm
- 국물용 멸치 20마리(20g)
- 다시마 5×5cm
- 물 4와 1/2컵(900㎖)
- 청주 1큰술
- 다진 생강 1/2작은술(생략 가능)
- 국간장 1작은술
- 다진 마늘 1작은술
- 소금 1과 1/4작은술

응용법

쑥갓, 미나리 등을 마지막에
더해도 좋아요.

1

새우는 손질한다.
* 새우 껍데기 그대로 두고
손질하기 10쪽

2

무는 6등분한 후 0.3cm 두께로
썰고, 청양고추, 대파는 어슷 썬다.

3

냄비에 무, 멸치, 다시마,
물 4와 1/2컵(900㎖)을 넣고
센 불에서 끓인다.

4

끓어오르면 중간 불로 줄여
3분간 끓인 후 다시마를 건져낸다.

5

중약 불로 줄이고 거품을
걷어내면서 7분간 끓인 다음
멸치를 건져낸다.

6

새우를 넣고 센 불에서
끓어오르면 청주, 다진 생강,
국간장을 넣고 중간 불로 줄여
3분간 끓인다.

7

콩나물, 다진 마늘을 넣고 3분,
청양고추, 대파를 넣고 1분간 끓인다.
소금으로 부족한 간을 더한다.

응용 칼국수면 곁들이기

조개 버섯매운탕

- 40~45분
- 2~3인분
- 냉장 2일

- 모둠 버섯 200g
- 미나리 2줌(100g)
- 대파 20cm
- 청양고추 1개
- 고춧가루 2큰술
- 다진 마늘 1큰술
- 국간장 1큰술(기호에 따라 가감)
- 액젓 1큰술
  (멸치 또는 까나리, 기호에 따라 가감)

국물
- 해감 바지락 1봉(500g)
- 다시마 5×5cm 5장
- 물 8컵(1.6ℓ)

응용법

칼국수면을 곁들여도 좋아요. 끓는 물에 생칼국수면 1봉(150g)을 넣고 포장지에 적힌 시간대로 삶은 후 마지막에 더하면 돼요.

1 냄비에 국물 재료를 넣어 센 불에서 끓어오르면 중약 불로 줄여 15분간 끓인다. * 끓어오르면서 생기는 거품은 고운 체 또는 숟가락으로 걷어낸다.
*바지락 손질하기 10쪽

2 바지락, 다시마를 건져내고, 국물은 볼에 덜어둔다.
* 완성된 국물의 양은 7과 1/2컵(1.5ℓ)이며 부족할 경우 물을 더한다.

3 ②에서 건져둔 바지락 1/2분량은 살만 발라내고, 나머지는 껍데기 그대로 둔다.

4 모둠 버섯은 한입 크기로 썰거나 가닥가닥 뜯는다.

5 대파, 청양고추는 어슷 썬다. 미나리는 5cm 길이로 썬다.

6 냄비에 ②의 국물, 모둠 버섯, 고춧가루, 다진 마늘을 넣어 센 불에서 7분간 끓인다.

7 ③의 바지락, 미나리, 대파, 청양고추를 넣어 1분간 끓인다.

8 국간장, 액젓으로 부족한 간을 더한 후 1분간 끓인다.

우럭매운탕 _레시피 260쪽

· 수제비 곁들이기 응용

깻잎 주꾸미매운탕 _레시피 261쪽

우럭매운탕

⏱ 55~60분
🍽 3~4인분
🧊 냉장 2일

- 우럭 2마리(손질된 것, 530g)
- 무 지름 10cm, 두께 2cm(200g)
- 두부 1/2모(150g)
- 미나리 1줌(70g)
- 양파 1/4개(50g)
- 대파 20cm
- 청양고추 1개
- 소금 약간

국물
- 국물용 멸치 35마리(35g)
- 다시마 5×5cm 4장
- 물 5와 1/2컵(1.1ℓ)

양념
- 고춧가루 4큰술
- 다진 마늘 2큰술
- 청주 2큰술
- 국간장 1큰술
- 액젓(멸치 또는 까나리) 1/2큰술
- 된장 2큰술
- 후춧가루 1/4작은술

응용법

수제비를 더해도 좋아요.
얼큰 버섯수제비(317쪽)의
수제비 반죽 1/2분량을 만든 후
과정 ⑦에서 더하세요.
또는 시판 수제비를 사용해도 돼요.

1 달군 냄비에 멸치를 넣고 중간 불에서 1분간 볶는다.
＊내열용기에 펼쳐 담아 전자레인지에서 1분간 돌려도 좋다.

2 나머지 국물 재료를 넣고 중약 불에서 25분간 끓인 후 멸치, 다시마를 건져낸다. 국물은 볼에 덜어둔다.
＊완성된 국물의 양은 4와 1/2컵(900㎖)이며 부족한 경우 물을 더한다.

3 무는 열십(+) 자로 썬 후 0.3cm 두께로 썬다. 미나리는 5cm 길이로, 양파, 두부는 한입 크기로 썬다.

4 대파, 청양고추는 어슷 썰고, 양념 재료는 섞는다.

5 냄비에 우럭, 무, 양파, 양념을 넣고 ②의 국물을 부어 센 불에서 끓인다. ＊우럭에 칼집을 넣으면 양념이 더 잘 밴다.

6 끓어오르면 뚜껑을 덮고 중간 불로 줄여 15분간 끓인다.
＊끓어오르면서 생기는 거품은 고운 체 또는 숟가락으로 걷어낸다.

7 두부, 대파, 청양고추를 넣고 뚜껑을 열어 센 불에서 5분간 끓인다.

8 불을 끄고 미나리를 넣어 가볍게 섞는다. 소금으로 부족한 간을 더한다.

깻잎 주꾸미매운탕

⏱ **40~45분**
🍽 **2~3인분**
🧊 **냉장 2~3일**

- 주꾸미 4~6마리(400g)
- 콩나물 1줌(50g)
- 대파 15cm
- 깻잎 10장(또는 미나리, 20g)
- 다진 마늘 1큰술
- 고춧가루 1/2큰술
- 고추장 1과 1/2큰술
- 액젓(멸치 또는 까나리) 2작은술

국물
- 국물용 멸치 25마리(25g)
- 두절 건새우 1/2컵(15g)
- 다시마 5×5cm 3장
- 물 3과 1/2컵(700㎖)

응용법

고춧가루, 고추장을 생략하면 아이용으로 맵지 않게 만들 수 있어요.

1
달군 냄비에 멸치를 넣고 중간 불에서 1분간 볶는다.
＊내열용기에 펼쳐 담아 전자레인지에서 1분간 돌려도 좋다.

2
나머지 국물 재료를 넣고 중약 불에서 25분간 끓인 후 멸치, 다시마, 두절 건새우를 건져낸다.
＊완성된 국물의 양은 2와 1/2컵(500㎖)이며 부족한 경우 물을 더한다.

3
콩나물은 체에 밭쳐 흐르는 물에 씻은 후 그대로 물기를 뺀다. 대파는 어슷 썰고, 깻잎은 길이로 2등분한 후 1cm 두께로 썬다.

4
주꾸미는 손질한다.
＊주꾸미 손질하기 11쪽

5
②의 국물이 센 불에서 끓어오르면 콩나물을 넣고 뚜껑을 덮어 중간 불로 줄여 4분간 끓인다.
＊익히는 동안 뚜껑을 계속 덮어야 콩나물 특유의 비린내가 나지 않는다.

6
주꾸미, 대파, 다진 마늘을 넣고 센 불에서 끓어오르면 2분간 끓인다.

7
고춧가루, 고추장, 액젓을 넣고 중약 불로 줄여 2분간 끓인다. 깻잎을 더한다.
＊끓어오르면서 생기는 거품은 고운 체 또는 숟가락으로 걷어낸다.

오징어 새우매운탕

- ⏱ 45~50분
- △ 2~3인분
- 🅖 냉장 2일

- 오징어 1마리
  (270g, 손질 후 180g)
- 새우 6마리(180g)
- 미나리 1줌(70g)
- 무 지름 10cm, 두께 2cm(200g)
- 어슷 썬 대파 10cm 분량
- 어슷 썬 청양고추 1개 분량
- 소금 약간

국물
- 국물용 멸치 25마리(25g)
- 다시마 5×5cm 3장
- 물 4컵(800㎖)

양념
- 고춧가루 2큰술
- 다진 마늘 1큰술
- 청주 1큰술
- 국간장 1큰술
- 다진 생강 1/2작은술(생략 가능)
- 된장 1작은술
  (염도에 따라 가감)

응용법

미나리는 동량(70g)의 깻잎이나 부추로 대체해도 좋아요.

1
달군 냄비에 멸치를 넣고
중간 불에서 1분간 볶는다.
＊ 내열용기에 펼쳐 담아
전자레인지에서 1분간 돌려도 좋다.

2
나머지 국물 재료를 넣고 중약 불에서
25분간 끓인 후 멸치, 다시마를
건져내 따로 둔다. ＊ 완성된 국물의
양은 3컵(600㎖)이며 부족한 경우
물을 더한다.

3
미나리는 시든 잎을 떼어내고
4cm 길이로 썬다.

4
무는 열십(+) 자로 썬 후
1cm 두께로 썬다.

5
새우를 손질한다.
볼에 양념 재료를 넣고 섞는다.
＊ 새우 껍데기 그대로 두고
손질하기 10쪽

6
오징어는 손질한다. 몸통은
1cm 두께의 링 모양으로 썰고,
다리는 5cm 길이로 썬다.
⑤의 양념 1큰술과 버무려둔다.
＊ 오징어 몸통 가르지 않고 손질하기
11쪽

7
②의 냄비에 ⑤의 양념, 무,
청양고추를 넣고 중간 불에서
끓어오르면 5분, 오징어, 새우를 넣고
끓어오르면 2분간 끓인다.

8
미나리, 대파를 넣고
중간 불에서 1분간 끓인다.
소금으로 부족한 간을 더한다.

263

냉국
4가지 레시피

콩나물 파프리카냉국
아삭하게 익힌 콩나물, 생으로 더한
파프리카 덕분에 식감이 살아 있는 냉국

⋯→ 265쪽

김치 묵냉국
새콤달콤한 양념을 더해 더욱 맛있는
김치 묵냉국

⋯→ 265쪽

깻잎 오이냉국
오이, 양파, 깻잎을 가늘게 채 썰어
상큼한 국물에 더한 냉국

⋯→ 268쪽

얼큰 양배추냉국
각종 채소를 가늘게 채 썰어 넣은,
얼큰하게 즐기는 냉국

⋯→ 269쪽

콩나물 파프리카냉국 _레시피 266쪽

김치 묵냉국 _레시피 267쪽

콩나물 파프리카냉국

🕐 **10~15분**
 (+ 국물 차게 식히기 30분,
 숙성 시키기 30분)
⌂ **2~3인분**
🔲 **냉장 2일**

- 콩나물 2줌(100g)
- 파프리카 1개(200g)
- 설탕 2큰술(기호에 따라 가감)
- 식초 4큰술(기호에 따라 가감)
- 국간장 2작은술
- 소금 약간
- 통깨 약간

응용법

파프리카는 동량(200g)의
오이로 대체해도 좋아요.

1
파프리카는 0.5cm 두께로
채 썬다.

2
끓는 물(3컵) + 소금(1/2작은술)에
콩나물을 넣고 뚜껑을 덮어
센 불에서 5분간 삶는다.
＊익히는 동안 뚜껑을 계속 덮어야
콩나물 특유의 비린내가 나지 않는다.

3
콩나물만 건져 체에 밭쳐 헹군 다음
물기를 빼고 한 김 식힌다.
이때, 콩나물 데친 물은 그대로 둔다.

4
콩나물은 물기를 꼭 짠 후
2등분한다.

5
콩나물 데친 물을 볼에 옮겨 담고
설탕, 식초, 국간장을 섞는다.
냉장실에서 30분간 차게 식힌다.

6
⑤의 볼에 모든 재료를 넣고 섞은 후
냉장실에서 30분간 숙성 시킨다.
소금으로 부족한 간을 더한다.
＊숙성 시키면 국물에 재료의 맛이
우러나와 맛이 더 깊어진다.
얼음을 넣고 시원하게 즐겨도 좋다.

김치 묵냉국

⏱ **20~25분**
　(+ 국물 차게 식히기 30분)
🍽 **2~3인분**
📦 **냉장 2~3일**

- 도토리묵 1팩(400g)
- 익은 배추김치 1컵(150g)
- 오이 1/4개(50g)
- 양파 1/8개(25g)

국물
- 다시마 5×5cm 3장
- 대파 20cm
- 양파 1/8개(25g)
- 물 5컵(1ℓ)
- 국간장 2작은술

양념
- 다진 청양고추 1개분
　(기호에 따라 가감)
- 고춧가루 1큰술
- 통깨 약간
- 다진 파 2큰술
- 양조간장 3큰술
- 식초 1과 1/2큰술
　(기호에 따라 가감)
- 설탕 2/3작은술
　(기호에 따라 가감)
- 참기름 1작은술

응용법

따뜻한 김치 묵국으로 즐겨도 좋아요. 오이 대신 동량(50g)의 당근을 채 썰고, 양념 재료의 식초, 설탕은 생략해요.
과정 ②에서 국물에 묵, 김치, 양파, 당근, 양념 재료를 넣고 5분간 끓이면 돼요.

1 냄비에 국간장을 제외한 국물 재료를 모두 넣고 센 불에서 끓어오르면 약한 불로 줄여 5분간 끓인 후 다시마는 건져낸다.

2 국간장을 넣고 5분간 더 끓인 후 체에 걸러 냉장실에서 30분간 차게 식힌다.

3 도토리묵은 뜨거운 물에 5분간 담근다. *묵을 뜨거운 물에 담가두면 더욱 탱글탱글한 식감으로 즐길 수 있다.

4 체에 밭쳐 물기를 없앤 후 0.5cm 두께로 채 썬다.

5 오이, 양파, 김치는 0.3cm 두께로 채 썬다. 양파는 찬물에 5분간 담가 매운맛을 뺀다.

6 작은 볼에 양념 재료를 모두 넣고 섞는다.

7 ②의 국물에 도토리묵, 김치, 오이, 양파를 담는다. 취향에 따라 양념의 양을 조절해서 넣는다.

⏱ **10~15분(+ 숙성 시키기 30분)**
🍽 **2~3인분**
🧊 **냉장 2~3일**

- 오이 1/2개
  (또는 파프리카 1/2개, 100g)
- 양파 1/10개(20g)
- 깻잎 5장

국물
- 설탕 3큰술
- 소금 1작은술
- 다진 마늘 1/2작은술
- 국간장 1작은술
- 생수 2와 1/2컵(500㎖)
- 식초 1/2컵(100㎖)

소면 곁들이기 〔응용〕

응용법

소면 1줌(70g)을 포장지에
적혀있는 시간대로 삶아
곁들여도 좋아요.

깻잎 오이냉국

1

오이, 양파는 가늘게 채 썬다.

2

깻잎은 2등분한 후
1cm 두께로 썬다.

3

볼에 국물 재료를 섞은 후
모든 재료를 넣는다.
냉장실에서 30분간 숙성 시킨다.
＊숙성 시키면 국물에 재료의 맛이
우러나와 맛이 더 깊어진다.
얼음을 넣고 시원하게 즐겨도 좋다.

⏱ 15~20분(+ 숙성 시키기 30분)
△ 2~3인분
🔒 냉장 2일

- 오이 1/2개(100g)
- 당근 1/10개(20g)
- 양배추 3장(손바닥 크기, 90g)
- 풋고추(또는 청양고추) 1개
- 깻잎 5장

국물
- 설탕 3큰술
- 국간장 1큰술
- 고추장 2큰술
- 다진 마늘 1작은술
- 참기름 1작은술
- 통깨 1큰술
- 차가운 생수 3컵(600㎖)
- 식초 1/2컵(100㎖)

응용법

쫄면 1줌(100g)을 삶아
곁들여도 좋아요.

얼큰 양배추냉국

1
국물 재료를 섞어
냉장실에 넣어 둔다.

2
오이, 당근은 얇게 채 썬다.

3
양배추, 깻잎은 가늘게 채 썬다.
고추는 송송 썬다.

4
①의 국물에 모든 재료를 넣고
냉장실에서 30분간 숙성 시킨다.
＊숙성 시키면 국물에 재료의 맛이
우러나와 맛이 더 깊어진다.
얼음을 넣고 시원하게 즐겨도 좋다.

269

맛집 버전으로
업그레이드

한 그릇 식사와 간식

다른 반찬 필요 없는 한 그릇 식사와
간편 안주로도 좋은 간식을 소개합니다. 맛집만큼 맛있답니다.

볶음밥 & 덮밥
8가지 레시피

중화풍 달걀볶음밥
대파 향이 가득한 대파기름에
달걀, 새우, 각종 채소를 넣고
볶은 담백한 볶음밥

⋯ 273쪽

닭가슴살 잠발라야
고기, 해산물을 밥과 볶는
미국의 요리 잠발라야에서 착안!
닭가슴살을 더해
더 건강한 볶음밥

⋯ 273쪽

갈릭 찹스테이크 볶음밥
큼직하게 썬 쇠고기, 버섯,
양파 등을 홈메이드 스테이크
소스와 함께 볶은 볶음밥

⋯276쪽

매콤 오징어 치즈 볶음밥
매콤하게 볶은 오징어에
김가루, 치즈를 더한
입맛 당기는 볶음밥

⋯277쪽

치킨가라아게 덮밥
부드러운 닭다리살에 반죽을
입혀 노릇하게 튀긴 후 소스,
채소와 함께 밥에 올린 덮밥

⋯ 278쪽

라구 소스 가지덮밥
고기, 토마토를 더한 이탈리아
라구 소스에 건강한 재료인
가지를 함께 더해 만든 덮밥

⋯ 280쪽

채소 굴덮밥
감칠맛 가득한 굴에 달걀,
간장 소스를 넣고 촉촉하게
만든 후 밥에 올린 덮밥

⋯ 282쪽

데리야끼 목살덮밥
데리야끼 양념에 자박하게
조린 목살, 아삭한 대파를 밥에
올린 덮밥

⋯ 283쪽

중화풍 달걀볶음밥 _레시피 274쪽

닭가슴살 잠발라야 _레시피 275쪽

중화풍 달걀볶음밥

⏱ **15~20분**
△ **2~3인분**
🄖 **냉장 1일**

- 밥 1과 1/2공기(300g)
- 대파 30cm
- 양파 1/4개(50g)
- 당근 1/10개(20g, 생략 가능)
- 냉동 생새우살 5마리(50g)
- 달걀 2개
- 식용유 2큰술
- 굴소스 2큰술
- 참기름 1큰술
- 후춧가루 약간

응용법

식용유 대신 동량의 고추기름을 더하고, 과정 ⑥에서 송송 썬 청양고추 1개를 추가하면 매콤하게 즐길 수 있어요.

1
대파는 송송 썬다.
양파, 당근 굵게 다진다.
냉동 생새우살은 찬물에 담가 해동한 후 2~3등분한다.

2
볼에 달걀을 넣고 푼다.

3
깊은 팬을 달궈 식용유를 두르고 대파를 넣어 약한 불에서 1분간 볶는다.

4
양파, 당근, 생새우살을 넣어 1분간 볶는다.

5
중간 불로 올려 달걀물을 넣고 주걱으로 저어 스크램블을 만들며 2분간 볶는다.

6
밥을 넣어 주걱으로 날을 세워가며 1분간 볶는다.
＊밥알이 으깨지지 않도록 살살 볶는다.

7
굴소스, 참기름, 후춧가루를 넣고 1분간 볶는다.

닭가슴살 잠발라야

- ⏱ 20~25분
- 🍽 2~3인분
- ❄ 냉장 1일

- 밥 1과 1/2공기 (300g)
- 닭가슴살 2쪽
  (또는 닭안심 8쪽, 200g)
- 아보카도 1개 (200g)
- 파프리카 1/2개
  (또는 피망 1개, 100g)
- 양파 1/4개 (50g)
- 할라페뇨 3개
  (또는 청양고추 2개, 30g)
- 식용유 1큰술
- 통후추 간 것 약간
- 소금 약간

밑간
- 청주(또는 소주) 1큰술
- 소금 1/3작은술
- 통후추 간 것 약간

양념
- 카레카루 1큰술
- 고춧가루 1/2큰술
- 토마토케첩 2큰술
- 굴소스 1큰술

> **응용법**
>
> 부리토(또띠야에 다양한 재료를
> 넣어 말아낸 멕시코 요리)로
> 즐겨도 좋아요.
> 또띠야에 닭가슴살 잠발라야
> 적당량을 넣고 돌돌 말면 돼요.

1 닭가슴살은 한입 크기로 썬 후 밑간과 버무린다.

2 다른 볼에 양념을 섞는다. 파프리카, 양파, 할라페뇨는 굵게 다진다.

3 아보카도는 칼이 씨에 닿도록 깊숙이 꽂은 후 360° 빙 돌려가며 칼집을 낸다.

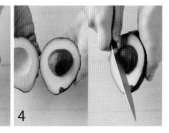

4 비틀어 두 쪽으로 나눈 후 씨에 칼날을 꽂아 비틀어 뺀다.

5 껍질을 벗겨 한입 크기로 썬다.

6 달군 팬에 식용유, 닭가슴살을 넣고 중간 불에서 3분, 양파를 넣고 2분간 볶는다.

7 밥, 아보카도, 파프리카, 할라페뇨, 양념을 넣고 약한 불에서 2분간 볶는다.

8 불을 끄고 통후추 간 것을 뿌린다. 소금으로 부족한 간을 더한다.

⏱ 20~25분 🍽 2~3인분

- 밥 1과 1/2공기(300g)
- 쇠고기 스테이크용 200g
- 양파 1/4개(50g)
- 피망 1/2개(50g)
- 양송이버섯 4개(80g)
- 편 썬 마늘 5쪽(25g)
- 송송 썬 청양고추 1개(생략 가능)
- 식용유 1큰술
- 소금 약간
- 통후추 간 것 약간

밑간
- 맛술 1큰술
- 소금 1/3작은술
- 후춧가루 약간

소스
- 발사믹식초 1큰술
- 토마토케첩 2큰술
- 올리고당 1/2큰술
- 양조간장 2작은술

응용법

피망은 동량(50g)의 파프리카,
당근으로, 양송이버섯은
동량(80g)의 다른 버섯으로
대체해도 좋아요.

갈릭 찹스테이크 볶음밥

1

쇠고기는 키친타월로 감싸
핏물을 없앤다. 한입 크기로 썬 후
밑간 재료와 버무려 10분간 둔다.

2

양파, 피망, 양송이버섯은
한입 크기로 썬다.
작은 볼에 소스 재료를 섞는다.

3

달군 팬에 식용유, 마늘을 넣어
중약 불에서 2~3분간, 양파,
피망, 양송이버섯, 소금을 넣고
2분간 볶는다.

4

쇠고기, 청양고추를 넣고
중간 불에서 2분, 밥, ②의 소스를
넣어 2분간 볶는다. 불을 끄고
통후추 간 것을 넣는다.

⏱ 20~25분
🍽 2~3인분

- 밥 1과 1/2공기(300g)
- 오징어 1마리(270g, 손질 후 180g)
- 송송 썬 대파 20cm 분량
- 슈레드 피자치즈 1컵
  (또는 슬라이스 치즈 3장, 100g)
- 김가루 1/2컵(30g)
- 다진 마늘 1큰술
- 고추기름 1큰술

양념
- 설탕 1과 1/3큰술(기호에 따라 가감)
- 고춧가루 1큰술
- 양조간장 1큰술
- 참기름 1큰술

응용법

고추기름을 직접 만들어도 좋아요.
깊은 내열용기에 식용유(2큰술)
+ 고춧가루(1큰술)를 넣고
전자레인지(700W)에서 1분간
돌려요. 꺼내 저어준 후 체에
키친타월을 깔고 걸러 식히면 돼요.

매콤 오징어 치즈 볶음밥

1

오징어는 손질한다.
몸통은 길이로 2등분한 후
1cm 두께로 썰고, 다리는
1cm 길이로 썬다.
볼에 양념 재료를 섞는다.
＊오징어 몸통 갈라 손질하기 11쪽

2

깊은 팬을 달궈 고추기름, 대파,
다진 마늘을 넣고 센 불에서 1분,
오징어를 넣고 1분간 볶는다.
＊오징어를 센 불에서 짧게 볶아
수분을 날려야 불맛을 낼 수 있다.

3

양념을 넣고 중간 불에서 1분,
밥을 넣어 2분간 볶은 후
주걱으로 팬에 펼친다.

4

슈레드 피자치즈를 뿌리고
뚜껑을 덮어 중간 불에서
1분 30초~2분간 치즈를 녹인다.
김가루를 올린다. ＊슈레드
피자치즈를 넣고 주걱으로
저어가며 1분간 볶아도 좋다.

양배추샐러드 곁들이기 **응용**

치킨가라아게 덮밥

⏱ **30~35분**
🍚 **2인분**

- 따뜻한 밥 1과1/2공기(300g)
- 닭다리살 3쪽(300g)
- 양파 1/2개(100g)
- 식용유 1큰술 + 7컵(1.4ℓ)

밑간
- 청주(또는 소주) 1큰술
- 양조간장 1큰술
- 설탕 1작은술
- 다진 마늘 1작은술
- 다진 생강 1/2작은술(생략 가능)
- 후춧가루 약간

반죽
- 달걀 1개
- 감자전분 4큰술
- 튀김가루 3큰술
- 물 3큰술

양념
- 물 4큰술
- 맛술 2큰술
- 양조간장 1큰술

응용법
- 송송 썬 청양고추 1개를 과정 ⑤에 양파와 함께 넣어 매콤하게 즐겨도 좋아요.
- 눈꽃 만두 & 양배추샐러드 (346쪽)의 양배추샐러드를 곁들여도 좋아요.

1
닭다리살은 한입 크기로 썬다.

2
볼에 밑간 재료를 넣어 섞은 후 닭다리살을 넣고 버무려 10분간 둔다.

3
다른 볼에 반죽 재료를 넣어 거품기로 완전히 섞은 후 닭다리살을 넣고 버무린다.

4
양파는 채 썬다.
작은 볼에 양념 재료를 넣어 섞는다.

5
달군 팬에 식용유 1큰술을 두르고 양파를 넣어 센 불에서 2분, 양념을 넣어 1분간 끓인다.

6
그릇에 밥과 ⑤를 나눠 담는다.

7
깊은 팬에 식용유 7컵(1.4ℓ)을 넣고 중간 불에서 180℃(반죽을 넣었을 때 2초 후 떠오르는 정도)로 끓인다. ③의 닭다리살을 1개씩 넣고 뒤집어가며 3~4분간 튀긴 후 체에 담는다.

8
식용유를 다시 센 불로 올린 후 ⑦의 튀긴 닭다리살을 넣고 2~3분간 한 번 더 노릇하게 튀긴다. 체에 밭쳐 탈탈 털어 기름기를 뺀 후 ⑥에 나눠 담는다. ＊두 번 튀기면 더욱 바삭하게 즐길 수 있다.

라구 소스 가지덮밥

- ⏱ 25~30분
- 🍽 2~3인분
- 📦 냉장 3일

- 따뜻한 밥 1과1/2공기(300g)
- 가지 1개(150g)

라구 소스
- 다진 쇠고기(또는 다진 돼지고기) 200g
- 양파 1/4개(50g)
- 방울토마토 10개(또는 토마토 1개, 150g)
- 고추기름(또는 식용유) 1큰술 + 1큰술
- 시판 토마토 스파게티 소스 3/4컵(150㎖)
- 고추장 2큰술
- 물 1컵(200㎖)
- 소금 약간
- 통후추 간 것 약간

응용법

- 덮밥 대신 스파게티로 즐겨도 좋아요. 스파게티 1줌(70g)을 포장지에 적힌 시간대로 삶은 후 마지막에 소스와 버무려주세요.
- 라구 소스는 넉넉하게 만들어 한번 먹을 분량씩 지퍼백에 담아 냉동해도 돼요(2주). 자연해동한 후 피자, 스파게티, 토스트 소스로 활용하세요.

1 가지는 길이로 2등분한 후 1cm 두께로 썬다.

2 양파는 굵게 다지고, 방울토마토는 4등분한다. 다진 쇠고기는 키친타월로 감싸 핏물을 없앤다.

3 달군 팬에 고추기름 1큰술, 가지, 소금을 넣고 센 불에서 2~3분간 노릇하게 볶아 덜어둔다.

4 달군 팬에 고추기름 1큰술, 쇠고기, 양파를 넣고 중간 불에서 5분간 볶는다.

5 방울토마토, 토마토 스파게티 소스, 고추장, 물 1컵(200㎖)을 넣고 중약 불에서 10분간 국물이 자작해질 때까지 저어가며 끓인다.

6 ③의 가지를 넣어 1분간 끓인다. 불을 끄고 통후추 간 것을 섞는다.

7 그릇에 밥과 함께 나눠 담는다.

🕐 **15~20분**
⌒ **2~3인분**

- 따뜻한 밥 1과 1/2공기(300g)
- 굴 1컵(200g)
- 달걀 1개
- 양파 1/4개(50g)
- 피망 1개(100g)
- 당근 1/5개(또는 파프리카 1/2개, 40g)
- 대파 10cm
- 식용유 1큰술
- 다진 마늘 1/2큰술
- 참기름 1/2큰술
- 후춧가루 약간

양념

- 설탕 1큰술
- 양조간장 1과 1/2큰술
- 물 3/4컵(150㎖)

응용법

덮밥 대신 비빔국수로 즐겨도
좋아요. 밥 대신 소면 1줌(70g)을
포장지에 적혀있는 시간 만큼 삶아
마지막에 넣고 섞어주세요.

채소 굴덮밥

1

굴은 체에 밭쳐 물(4컵) +
소금(1큰술)이 담긴 볼에 넣고
살살 흔들어 씻은 후 물기를 뺀다.
＊굴은 손이 많이 닿으면
비린내가 나므로 주의한다.

2

양파, 피망은 0.5cm, 당근은
0.3cm 두께로 채 썰고, 대파는
어슷 썬다. 볼에 달걀을 넣어 푼다.

3

달군 팬에 식용유, 양파, 대파,
다진 마늘을 넣고 중간 불에서
1분간 볶는다. 굴, 피망,
당근을 넣고 센 불에서 1분,
양념 재료를 넣고 2분간 끓인다.

4

②의 달걀을 둘러가며 붓고
센 불에서 30초간 그대로 둔다.
불을 끄고 참기름, 후춧가루를 넣는다.
밥과 함께 나눠 담는다.
＊달걀을 넣고 그대로 둬야
지저분해지지 않는다.

🕐 20~25분
🍽 2~3인분

- 따뜻한 밥 1과 1/2공기(300g)
- 돼지고기 목살 300g
- 채 썬 대파 1줌(25g)
- 식용유 1큰술

데리야끼 양념
- 양조간장 2와 1/2큰술
- 물 2큰술
- 맛술 1큰술
- 꿀 1큰술
- 다진 생강 1/2작은술

응용법

돼지고기 목살은 동량(300g)의
닭다리살 3쪽으로 대체해도
좋아요.

데리야끼 목살덮밥

1
돼지고기는 한쪽에 잔 칼집을
낸다. 볼에 양념 재료를 넣어
섞는다.

2
달군 팬에 식용유를 두르고
목살을 올려 중간 불에서 3분,
뒤집어 4분간 익힌다.

3
②의 팬에 양념을 넣어
중약 불에서 4~6분간 졸인다.
완성된 목살을 먹기 좋은 크기로
썬다.

4
그릇에 밥을 담고
졸여진 목살, 데리야끼 양념을
얹고 대파 채를 올린다.

비빔밥 & 영양밥
8가지 레시피

땡초비빔밥
새콤하게 절인 청양고추, 오이를
다진 쇠고기와 함께 먹는 비빔밥

··· 285쪽

꼬막비빔밥
통통한 꼬막, 아삭한 오이고추를
매콤한 양념에 버무린 후
밥과 함께 비벼먹는 비빔밥

··· 285쪽

채소 명란비빔밥
참기름을 더해 고소, 짭조름한
명란, 바삭한 튀긴 마늘을 올려
밥과 함께 먹는 비빔밥

··· 288쪽

연어 포케비빔밥
하와이 말로 '자른다'는 뜻의
포케. 한입 크기로 썬 생연어,
아보카도 등을 밥과 함께
먹는 비빔밥

··· 289쪽

삼계영양밥
보양식 삼계탕의 영양밥 버전!
닭가슴살로 만들어
더 간편하고 건강한 영양밥

··· 290쪽

오이고추 영양밥
다진 쇠고기와 함께 구수하게
지은 밥에 아삭한 오이고추를
더해 먹는 이색 영양밥

··· 291쪽

전복 버섯영양밥
몸에 좋고 맛도 좋은 전복, 버섯을
듬뿍 더해 담백한 맛이 일품인
영양밥

··· 294쪽

훈제오리 김치영양밥
감칠맛 가득한 훈제오리를
김치와 함께 밥에 더해
한 그릇만으로 다른 반찬이
필요 없는 영양밥

···295쪽

꼬막비빔밥 _레시피 287쪽

땡초비빔밥 _레시피 286쪽

땡초비빔밥

- 🕐 **25~30분**
- 🍴 **2~3인분**
- 📦 **냉장 2일**

- 따뜻한 밥 1과 1/2공기(300g)
- 다진 쇠고기 150g
  (또는 쇠고기 불고기용,
  다진 돼지고기)
- 다진 양파 1/4개(50g)
- 곱게 간 통깨 4큰술
- 식용유 1작은술(양파용)
  + 1큰술(다진 쇠고기용)
- 참기름 2큰술

양념
- 양조간장 1과 1/2큰술
- 청주 1큰술
- 매실청(또는 올리고당) 1큰술
- 다진 마늘 1작은술
- 후춧가루 약간

청양고추 절임
- 작게 다진 청양고추 4개
  (또는 풋고추)
- 오이 1/2개(100g)
- 식초 2큰술

응용법

과정 ⑧에서 모두 비빈 비빔밥을
김밥 김에 넣고 돌돌 말아
김밥으로 즐겨도 좋아요.

1
다진 쇠고기는 키친타월로 감싸
핏물을 뺀 후 양념 재료와 함께
볼에 담아 버무려 10분간 둔다.

2
오이는 겉면을 소금(1큰술)으로
문지른 후 흐르는 물에 씻고
칼로 튀어나온 돌기를 제거한다.

3
오이는 5cm 길이로 썬다.
세워서 사진과 같이 3면을 썬 다음
씨 부분(사진의 동그라미)을
없앤다.

4
오이는 사방 0.5cm 크기로
굵게 다진다.

5
볼에 청양고추 절임 재료를
모두 넣고 섞는다.

6
달군 팬에 식용유 1작은술을
두르고 다진 양파를 넣어
중간 불에서 1분간 볶은 후
뜨거울 때 ⑤의 볼에 넣고 섞는다.
＊양파가 뜨거울 때 넣어야
속까지 양념이 잘 밴다.

7
달군 팬에 식용유 1큰술을 두르고
①을 넣어 뭉쳐지지 않게
주걱을 세워 펼쳐가며
중약 불에서 2분,
센 불로 올려 1분간 볶는다.

8
큰 볼에 따뜻한 밥, 참기름을 넣고
섞는다. 그릇에 모든 재료를
나눠 담는다.

꼬막비빔밥

🕐 30~35분
△ 2~3인분
🗓 냉장 2일

- 따뜻한 밥 2공기(300g)
- 꼬막 45~50개(500g)
- 오이고추 4개(또는 청양고추, 120g)
- 대파 20cm(또는 쪽파)

양념
- 고춧가루 1큰술
- 통깨 2큰술
- 양조간장 1과 1/2큰술
- 참기름 2큰술
- 설탕 1작은술

응용법

구운 김이나 깻잎에 싸 먹으면
더 맛있어요.

1
볼에 꼬막, 잠길 만큼의 물을 넣고
바락바락 문질러 흐르는 물에서
깨끗이 헹군다.

2
냄비에 넉넉하게 물을 붓고
끓어오르면 꼬막, 청주(약간)를
넣는다. 물이 끓어오르면 한쪽으로
저어가며 꼬막의 입이 벌어질 때까지
2~4분간 삶는다.

3
체에 밭쳐 물기를 없앤다.
입이 벌어진 꼬막은 살만 발라낸다.
＊입이 벌어지지 않은 꼬막은 입의
반대쪽에 숟가락을 일(一) 자로 끼운 후
90°로 돌려 벌린다.

4
오이고추는 0.5cm 두께로
송송 썰고, 대파는 송송 썬다.

5
큰 볼에 양념 재료를 섞은 후 밥을
제외한 모든 재료를 넣고 섞는다.

6
그릇에 밥, ⑤를 나눠 담는다.

🕐 **20~25분**
△ **2인분**

- 따뜻한 밥 2공기(400g)
- 명란젓 3~4개
  (80g, 염도에 따라 가감)
- 송송 썬 대파 15cm
- 마늘 10쪽(50g)
- 어린잎채소 2줌(50g)
- 채 썬 양파 1/4개(50g)
- 통깨 1큰술
- 참기름 2큰술
- 식용유 6큰술

응용법

달걀프라이나 달걀노른자를
더해도 좋아요.

채소 명란비빔밥

1

마늘은 편 썰어 찬물에 10분간
담갔다가 체에 밭쳐 물기를 완전히
뺀다. 명란젓은 양념을 씻어낸 후
0.5cm 두께로 썬 후
대파, 통깨, 참기름과 버무린다.

2

달군 팬에 식용유를 두르고
마늘을 넣어 약한 불에서
**노릇해질 때까지 3~4분간
뒤집어가며 튀기듯이 굽는다.**

3

키친타월에 올려 기름을 뺀다.

4

그릇에 밥, 어린잎채소, 양파,
①의 명란, 튀긴 마늘을 나눠
담는다.

⏱ **10~15분**
(+ 양념에 연어 재워두기 30분)
🍽 **2인분**

- 따뜻한 밥 1과 1/2공기(300g)
- 생 연어 200g(횟감용)
- 아보카도 1개(200g)
- 어린잎채소 2줌(50g)
- 양파 1/4개(50g)

양념
- 통깨 1큰술
- 식초 1큰술
- 양조간장 1큰술
- 올리고당 1/2큰술
- 참기름 1작은술
- 연와사비 1/2작은술
  (기호에 따라 가감)

응용법

마지막에 고수, 레몬즙 등을
곁들이면 더욱 이국적인 맛으로
즐길 수 있어요.

연어 포케비빔밥

1
생 연어는 한입 크기로 썬다.
큰 볼에 양념 재료를 넣어 섞고
연어를 더해 30분간 둔다.

2
아보카도는 한입 크기로 썬다.
＊아보카도 손질하기 275쪽

3
양파는 가늘게 채 썬다.
＊양파의 매운맛이 싫다면
채 썬 후 찬물에 10분간 담갔다가
키친타월로 감싸 물기를 완전히
없앤 후 사용해도 좋다.

4
그릇에 밥과 준비한 재료를
나눠 담는다.

삼계영양밥 _레시피 292쪽

오이고추 영양밥 _레시피 293쪽

삼계영양밥

⏱ **50~55분**
🍚 **2~3인분**
📦 **냉장 2일**

- 찹쌀 1과 1/2컵(불리기 전 240g)
- 닭가슴살 2쪽(또는 닭안심 8쪽, 200g)
- 수삼 1/2뿌리
  (15g, 기호에 따라 가감 또는 생략 가능)
- 마늘 2쪽(10g)
- 대추 2개
- 참기름 약간
- 닭가슴살 삶은 물 1과 1/2컵(300mℓ)

양념장
- 양조간장 2큰술
- 참기름 1큰술
- 올리고당 1작은술

응용법

압력솥으로 만들어도 좋아요.
과정 ⑤까지 진행한 후 참기름,
양념장을 제외한 모든 재료를
압력솥에 넣어요. 센 불에서 추가
흔들리고 끓어오르면 약한 불로
줄여 8분간 끓여요. 불을 끄고
압력이 빠지면 뚜껑을 연 후
참기름을 섞으면 완성!

1
찹쌀은 잠길 만큼의 물에 담가
30분간 불린 후 체에 밭쳐 물기를
뺀다. 냄비에 닭가슴살
삶을 물(4컵)을 끓인다.

2
수삼은 0.5cm 두께로 송송 썰고,
마늘은 편 썬다.

3
대추는 돌려 깎아 씨를 없앤 후
가늘게 채 썬다.

4
①의 끓는 물에 닭가슴살을 넣고
중간 불에서 15분간 삶는다.
이때, 닭가슴살 삶은 물
1과 1/2컵(300mℓ)은 따로 둔다.

5
닭가슴살은 한 김 식힌 후
결대로 찢는다.

6
주물냄비(또는 냄비)에 참기름,
양념장을 제외한 모든 재료를 넣고
섞는다. 센 불에서 끓어오르면
약한 불로 줄여 뚜껑을 덮고
10분간 익힌다.

7
불을 끄고 그대로 10분간 뜸을
들인 후 참기름을 넣고 섞는다.
양념장을 곁들인다.

오이고추 영양밥

⏱ **50~55분**
△ **2~3인분**
🧊 **냉장 2일**

- 멥쌀 1과 1/2컵(불리기 전 240g)
- 오이고추 6개(약 200g)
- 다진 쇠고기 200g
- 양파 1/4개(50g)
- 물 1과 1/2컵(300㎖)

밑간
- 청주 1큰술
- 양조간장 1큰술
- 설탕 1작은술
- 후춧가루 약간

양념장
- 다진 대파 15cm 분량
- 양조간장 2큰술
- 통깨 1큰술
- 들기름 1큰술
- 설탕 1/2작은술

응용법

압력솥으로 만들어도 좋아요.
과정 ④까지 진행한 후 멥쌀, 물,
다진 쇠고기, 양파를 압력솥에
넣어요. 센 불에서 추가 흔들리고
끓어오르면 약한 불로 줄여
8분간 끓여요. 불을 끄고
압력이 빠지면 뚜껑을 연 후
오이고추를 넣어요. 다시 뚜껑을
덮어 5분간 그대로 뜸을 들이면
완성!

1
멥쌀은 잠길 만큼의 물에 담가
30분간 불린 후 체에 밭쳐
물기를 뺀다.

2
작은 볼에 다진 쇠고기,
밑간 재료를 넣고 섞는다.

3
오이고추는 1cm 두께로 송송 썰고,
양파는 0.3cm 두께로 채 썬다.

4
볼에 양념장 재료를 섞는다.

5
주물냄비(또는 냄비)에 멥쌀,
물 1과 1/2컵(300㎖), 다진 쇠고기,
양파를 넣고 섞는다. 센 불에서
끓어오르면 약한 불로 줄여
뚜껑을 덮고 10분간 익힌 후
불을 끄고 5분간 뜸을 들인다.

6
뚜껑을 열고 오이고추를 넣은 후
다시 뚜껑을 덮은 후 5분간
그대로 뜸을 들인다.
밥을 섞은 후 양념장을 곁들인다.

- 🕐 50~55분
- 🍽 2~3인분
- 📦 냉장 2일

- 멥쌀 1/2컵(불리기 전 80g)
- 찹쌀 1컵(불리기 전 160g)
- 전복 3개
- 표고버섯 5개(125g)
- 들기름 1큰술
- 다진 마늘 1큰술
- 물 1과 1/2컵(300㎖)

양념장
- 통깨 1큰술
- 양조간장 1큰술
- 들기름 1큰술
- 송송썬 청양고추 1개(생략 가능)

응용법

압력솥으로 만들어도 좋아요.
달군 압력솥에 과정 ②를 진행한 후
물을 넣고 뚜껑을 덮어요. 센 불에서
추가 흔들리고 끓어오르면 약한 불로
줄여 8분간 끓여요. 불을 끄고
압력이 빠지면 뚜껑을 연 후
전복살을 통째로 넣고 다시 뚜껑을 덮어
약한 불에서 3분간 익히면 완성!

전복 버섯영양밥

1

멥쌀, 찹쌀은 잠길 만큼의 물에
담가 30분간 불린 후 체에 밭쳐
물기를 뺀다. 전복은 손질한 후
살과 내장을 따로 담아둔다.
표고버섯은 모양대로 썬다.
볼에 양념장 재료를 넣어 섞는다.

*전복 손질하기 10쪽

2

주물냄비(또는 냄비)에 멥쌀, 찹쌀,
표고버섯, 들기름, 다진 마늘,
전복 내장을 넣어
중약 불에서 4~5분간 볶는다.

3

물 1과 1/2컵(300㎖)을 넣고
센 불에서 끓어오르면
약한 불로 줄여 뚜껑을 덮고
10분간 익힌다. 전복살을 통째로
올려 3분간 익힌다.

4

불을 끄고 10분간 그대로 뜸을
들인다. 밥을 골고루 섞은 후
양념장을 곁들인다.

🕐 **50~55분**
⌒ **2~3인분**
📦 **냉장 2일**

- 멥쌀 1컵(불리기 전 160g)
- 찹쌀 1/2컵(불리기 전 80g)
- 훈제오리 200g
- 익은 배추김치 1컵(150g)
- 마늘 6쪽(30g, 생략 가능)
- 송송 썬 대파 10cm
- 물 1과 1/4컵(250㎖)

밑간
- 고춧가루 2작은술
- 설탕 1작은술
- 양조간장 2작은술

응용법

압력솥으로 만들어도 좋아요.
과정 ②까지 진행한 후 대파를
제외한 모든 재료를 압력솥에 넣고
뚜껑을 덮어요. 센 불에서 추가
흔들리고 끓어오르면 약한 불로
줄여 8분간 끓여요. 불을 끄고
압력이 빠지면 뚜껑을 연 후
대파를 넣으면 완성!

훈제오리 김치영양밥

1

멥쌀, 찹쌀은 잠길 만큼의 물에
담가 30분간 불린 후
체에 밭쳐 물기를 뺀다.

2

마늘은 편 썰고, 훈제오리는
한입 크기로 썬다.
배추김치는 양념을 털어낸 후
굵게 다져 밑간과 버무린다.

3

주물냄비(또는 냄비)에 멥쌀, 찹쌀,
물 1과 1/4컵(250㎖)을 넣는다.
센 불에서 끓어오르면 약한 불로
줄여 훈제오리, 배추김치, 마늘을
넣고 뚜껑을 덮어 10분간 익힌다.

4

불을 끄고 그대로 10분간 뜸을
들인다. 대파를 넣고 섞는다.

김밥 & 주먹밥 & 유부초밥
8가지 레시피

타코 김밥
또띠야에 각종 재료를 더해 먹는
멕시코 요리 타코에서 착안한
김밥

⋯→ 297쪽

아보카도 스팸 김밥
짭조름한 햄과 고소한
아보카도를 동시에
느낄 수 있는 김밥.
소스에 찍어 먹는 것이 특징

⋯→ 297쪽

돼지불고기 주먹밥
매콤하게 볶은 불고기를
양파, 당근, 상추와 함께
김에 싸서 먹는 든든한 주먹밥

⋯→ 300쪽

김치 쇠고기 주먹밥
늘 집에 있는 아삭한 김치,
다진 쇠고기를 가벼운 양념에
버무려 만든 한입 주먹밥

⋯→ 301쪽

고기 소보로 유부초밥
다진 쇠고기를 소보로처럼
보슬보슬~ 볶아서 더한 유부초밥

⋯→ 302쪽

카레참치 유부초밥
고소한 참치에 카레가루를 더해
고슬고슬하게 볶아서
더한 유부초밥

⋯→ 303쪽

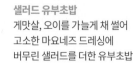

샐러드 유부초밥
게맛살, 오이를 가늘게 채 썰어
고소한 마요네즈 드레싱에
버무린 샐러드를 더한 유부초밥

⋯→ 304쪽

달걀 유부초밥
마요네즈를 더해 고소함과
부드러움을 한껏 살린
달걀을 넣은 유부초밥

⋯→ 305쪽

타코 김밥 _레시피 298쪽

아보카도 스팸 김밥 _레시피 299쪽

타코 김밥

⏱ **25~30분**
🍱 **2~3인분**

- 따뜻한 밥 2공기(400g)
- 쇠고기 불고기용 200g
- 양배추 2장
  (또는 양상추, 60g)
- 양파 1/4개(50g)
- 파프리카 1/4개
  (또는 당근 1/5개, 50g)
- 슬라이스 치즈 2장
- 김밥 김 2장(A4 크기)
- 식용유 1큰술

밑간
- 맛술 1큰술
- 양조간장 1/2큰술
- 소금 약간

소스
- 식초 1/2큰술
- 토마토케첩 3큰술
- 연와사비 1/2큰술
  (기호에 따라 가감)
- 고춧가루 1작은술

> **응용법**
>
> 덮밥으로 즐겨도 좋아요. 재료의 김밥 김을 생략하고, 슬라이스 치즈는 작게 썰어요. 과정 ⑤까지 진행한 후 그릇에 모든 재료를 담으면 돼요.

1
쇠고기는 키친타월로 감싸 핏물을 없앤다. 3~4등분한 후 밑간 재료와 버무려 10분간 둔다.

2
양배추, 양파는 최대한 가늘게 채 썰고, 파프리카는 0.5cm 두께로 썬다. 슬라이스 치즈는 2등분한다.

3
소스 재료를 섞는다.

4
달군 팬에 식용유, 쇠고기, 양파를 넣고 중간 불에서 3분, 센 불로 올려 1분간 볶는다.

5
불을 끄고 한 김 식힌 후 ③의 소스를 넣는다.
＊한 김 식힌 후 소스와 섞어야 연와사비의 매운맛이 날아가지 않는다.

6
밥 1/2분량을 김밥 김의 2/3지점까지 펼친다. 슬라이스 치즈 → 양배추 → ⑤ → 파프리카 순으로 1/2분량씩 올린 후 돌돌 만다. 같은 방법으로 1개 더 만든다. ＊칼에 참기름을 바르면 김밥이 잘 썰린다.

아보카도 스팸 김밥

⏱ 25~30분
🍽 2~3인분

- 따뜻한 밥 2공기(400g)
- 아보카도 1개(200g)
- 통조림 햄 1캔(작은 것, 200g)
- 양배추 3장(손바닥 크기, 또는 당근 1/2개, 90g)
- 김밥 김 3장(A4 크기)
- 마요네즈 1큰술

양념
- 참기름 1큰술
- 통깨 1작은술
- 소금 1/2작은술

소스
- 다진 청양고추 1개(생략 가능)
- 설탕 1/2큰술
- 생수 1큰술
- 양조간장 1큰술
- 식초 1/2큰술

> **응용법**
> 재료의 김밥 김을 생략하고,
> 과정 ④까지 진행한 후 그릇에
> 모든 재료를 담아
> 비빔밥으로 즐겨도 좋아요.

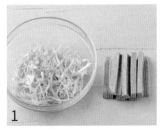

1 양배추는 가늘게 채 썬 후
마요네즈와 버무린다.
통조림 햄은 1cm 두께로 썬 후
다시 1cm 두께로 길게 썬다.

2 아보카도는 손질한 후
1cm 두께로 길게 썬다.
＊아보카도 손질하기 275쪽

3 볼에 밥, 양념을 섞는다.

4 달군 팬에 햄을 넣어 중간 불에서
3~4분간 뒤집어가며 노릇하게
굽는다.

5 밥 1/3분량을 김밥 김의
2/3지점까지 펼친다.
양배추 → 햄 → 아보카도 순으로
1/3분량씩 올린 후 돌돌 만다.

6 같은 방법으로 2개 더 만든 후
소스를 곁들인다. ＊칼에 참기름을
바르면 김밥이 잘 썰린다.

🕐 **25~30분** 🍽 **2인분**

- 따뜻한 밥 2공기(400g)
- 돼지고기 불고기용 150g
- 김밥 김 2장(A4 크기)
- 채 썬 양파 1/4개(50g)
- 채 썬 당근 1/4개(50g)
- 상추 4장(또는 깻잎, 20g)
- 슬라이스 치즈 2장
- 식용유 1큰술

돼지고기 양념
- 설탕 1큰술
- 고춧가루 1/2큰술
- 청주(또는 소주) 1큰술
- 양조간장 1/2큰술
- 고추장 1큰술
- 참기름 1/2큰술
- 다진 마늘 1작은술

밥 양념
- 참기름 1큰술
- 소금 1/2작은술

응용법

생 당근이 부담스럽다면 달군 팬에
식용유 1작은술, 채 썬 당근을 넣고 중약
불에서 1분간 볶은 후 더해도 좋아요.

돼지불고기 주먹밥

1
돼지고기는 키친타월로 감싸
핏물을 없앤다. 한입 크기로 썬 후
돼지고기 양념과 버무린다.
달군 팬에 식용유, 돼지고기,
양파를 넣고 중간 불에서
6~7분간 바짝 볶는다.

2
밥, 밥 양념을 섞는다.
도마에 랩을 깐다. 그 위에
김밥 김 1장을 마름모로
방향으로 올린 후 밥 1/4분량을
둥글납작하게 뭉쳐
김의 가운데에 올린다.

3
당근 1/2분량 → 슬라이스 치즈
1장 → 돼지고기 1/2분량 →
상추 2장 순으로 올린 후
밥 1/4 분량을 둥글납작하게
뭉쳐 올린다.

4
랩을 팽팽하게 당겨가며
밥을 김으로 감싼 후 꼭꼭 모양을
만든다. 그대로 2등분한다.
같은 방법으로 1개 더 만든다.
＊칼에 참기름을 바르면 잘 썰린다.

🕐 25~30분
🍚 2인분

- 따뜻한 밥 1과 1/2공기(300g)
- 익은 배추김치 1컵(150g)
- 다진 쇠고기 100g
  (또는 다진 돼지고기)
- 식용유 1작은술

쇠고기 양념
- 설탕 1/2작은술
- 다진 마늘 1작은술
- 청주(또는 소주) 2작은술
- 양조간장 1과 1/2작은술
- 참기름 1작은술

밥 양념
- 통깨 1큰술
- 참기름 1큰술
- 소금 1/4작은술

응용법

비빔밥으로 즐겨도 좋아요.
과정 ③까지 진행한 후
모든 재료를 비벼주세요.
달걀프라이를 곁들여도 맛있어요.

김치 쇠고기 주먹밥

1

다진 쇠고기는 키친타월로 감싸
핏물을 없앤 다음 쇠고기 양념
재료와 버무려 10분간 둔다.

2

배추김치는 속을 털어내고
물기를 꼭 짠 후 사방 1cm 크기로
썬다. 다른 볼에 밥, 밥 양념을 넣고
섞는다.

3

달군 팬에 식용유를 두른 후
쇠고기를 넣어 뭉쳐지지 않게
주걱을 세워 펼쳐가며
중간 불에서 2분, 센 불로 올려
1분 30초간 바짝 볶는다.

4

②의 밥이 담긴 볼에 배추김치,
쇠고기를 넣고 골고루 섞는다.
꼭꼭 힘주어 한입 크기의
주먹밥을 만든다.

🕐 **25~30분**
△ **14개분**

- 따뜻한 밥 1과 1/2공기(300g)
- 시판 유부초밥 1봉(14개입, 160g)
- 다진 쇠고기 200g
- 식용유 1큰술

쇠고기 양념
- 다진 청양고추 2개
- 설탕 1큰술
- 양조간장 1과 1/2큰술
- 청주(또는 소주) 1큰술
- 다진 마늘 1작은술
- 참기름 1작은술
- 후춧가루 약간

밥 양념
- 통깨 1큰술
- 참기름 1큰술
- 소금 1/3작은술

응용법

양념의 다진 청양고추를 생략하면
아이용으로 맵지 않게 만들 수
있어요.

고기 소보로 유부초밥

1
다진 쇠고기는 키친타월로 감싸
핏물을 없앤 후 쇠고기 양념과
버무린다.

2
달군 팬에 식용유, ①을 넣고
뭉쳐지지 않게 주걱을 세워
펼쳐가며 중간 불에서
3~4분간 바싹 볶는다.

3
볼에 밥, 밥양념을 넣고 섞는다
유부피는 손으로 물기를 살짝 짠다.
＊ 세게 짜면 유부피가 찢어지므로
주의한다.

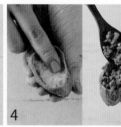

4
유부피에 밥을 1/2정도 채운다.
엄지손가락으로 눌러 평평하게
만든 후 ②를 올린다.
같은 방법으로 13개를 더 만든다.

🕐 25~30분
△ 14개분

- 따뜻한 밥 1과 1/2공기(300g)
- 시판 유부초밥 1봉(14개입, 160g)
- 통조림 참치 1캔(150g)
- 다진 양파 1/4개(50g)
- 식용유 1큰술
- 카레가루 1큰술

밥 양념
- 통깨 1큰술
- 참기름 1큰술
- 소금 1/3작은술

응용법

김밥으로 즐겨도 좋아요.
재료의 유부를 생략하고,
김밥 김에 밥, 과정 ②까지 진행한
재료를 넣고 돌돌 말아주세요.

카레참치 유부초밥

1

통조림 참치는 체에 밭쳐
기름기를 뺀다.

2

달군 팬에 식용유를 두르고
양파를 넣어 약한 불에서 1분,
①의 참치, 카레가루를 넣어
1분간 볶는다.

3

볼에 밥, 밥 양념을 넣고 섞는다.
유부피는 손으로 물기를 살짝 짠다.
＊ 세게 짜면 유부피가 찢어지므로
주의한다.

4

유부피에 밥을 1/2정도 채운다.
엄지손가락으로 눌러 평평하게
만든 후 ②를 올린다.
같은 방법으로 13개를 더 만든다.

303

🕐 **25~30분**
🍚 **14개분**

- 따뜻한 밥 1과 1/2공기(300g)
- 시판 유부초밥 1봉(14개입, 160g)
- 게맛살 4개(짧은 것, 80g)
- 오이 1/4개
  (또는 파프리카, 50g)

드레싱
- 식초 1큰술
- 마요네즈 1과 1/2큰술
- 올리고당 1/2큰술
- 소금 약간
- 후춧가루 약간

밥 양념
- 통깨 1큰술
- 설탕 1작은술
- 소금 2/3작은술
- 식초 2작은술
- 참기름 2작은술

응용법

양념장을 곁들여도 좋아요.
생수 1큰술 + 양조간장 1큰술 +
연와사비 1작은술을 섞으면 돼요.

샐러드 유부초밥

1

게맛살은 가늘게 찢고,
오이는 가늘게 채 썬다.

2

볼에 드레싱 재료를 섞은 후
①을 더해 버무린다. * 물기가
생길 수 있으므로 먹기 직전에
버무린다.

3

볼에 밥, 밥양념을 넣고 섞는다.
유부피는 손으로 물기를 살짝 짠다.
* 세게 짜면 유부피가 찢어지므로
주의한다.

4

유부피에 밥을 1/2정도 채운다.
엄지손가락으로 눌러 평평하게
만든 후 ②를 올린다. 같은
방법으로 13개를 더 만든다.

🕐 25~30분
△ 14개분

- 따뜻한 밥 1과 1/2공기(300g)
- 시판 유부초밥 1봉(14개입, 160g)
- 식용유 1큰술

달걀물
- 달걀 4개
- 마요네즈 1큰술
- 설탕 1/3작은술
- 소금 약간
- 후춧가루 약간

밥 양념
- 통깨 1큰술
- 참기름 1큰술
- 설탕 1작은술
- 양조간장 2작은술

응용법

마요네즈 2큰술 + 고추장 1큰술 +
올리고당 1큰술을 섞은 후
마지막에 뿌려 먹어도 좋아요.

달걀 유부초밥

1

볼에 달걀물 재료를 모두 넣어
거품기로 섞는다.

2

달군 팬에 식용유를 두른 후
①을 붓는다. 중약 불에서
2분간 젓가락으로
대강 저어가며 익힌다.

3

볼에 밥, 밥양념을 넣고 섞는다.
유부피는 손으로 물기를 살짝 짠다.
＊세게 짜면 유부피가 찢어지므로
주의한다.

4

유부피에 밥을 1/2정도 채운다.
엄지손가락으로 눌러 평평하게
만든 후 ②를 올린다. 같은
방법으로 13개를 더 만든다.

또띠야 & 샌드위치
8가지 레시피

발사믹 비프롤
발사믹 소스에 졸인 두툼한
스테이크용 쇠고기와 각종
채소를 또띠야에 돌돌 만 롤

··· 307쪽

까르보나라 피자
또띠야에 까르보나라 소스,
달걀노른자, 치즈를 듬뿍 더한
고소한 맛의 피자

··· 307쪽

치킨 바질페스토 피자
부드러운 닭안심, 바질페스토의
독특하고 고소한 향이 가득
느껴지는 피자

··· 310쪽

콘치즈 퀘사디야
또띠야 사이에 각종 재료를 넣고
구운 멕시코 요리 퀘사디야.
옥수수를 더해 식감이 톡톡!

···311쪽

쿠바샌드위치
미국 쿠바에서 많이 먹는
샌드위치. 두툼한 고기,
머스터드가 들어가는 것이 특징!

···312쪽

구운 채소 아보카도샌드위치
버섯, 파프리카, 양파 등
각종 채소를 발사믹식초에 구워
아보카도와 함께 빵에 더한
샌드위치

···313쪽

시저샌드위치
로메인, 베이컨, 치즈가루 등을
더하는 시저샐러드에서 착안,
빵 사이에 더해 더 간편하게
즐기는 샌드위치

··· 314쪽

달걀 반미샌드위치
베트남식 쌀바게트(반미)에
절인 채소, 고기 등을 넣는
반미샌드위치! 바게트를 활용해
더 간편하게 만든 것이 특징

···315쪽

발사믹 비프롤 _레시피 308쪽

까르보나라 피자 _레시피 309쪽

발사믹 비프롤

- ⏱ 25~30분
- △ 2~3인분
- 🧊 냉장 2일

- 또띠야(8인치) 3장
- 쇠고기 스테이크용 300g
  (두께 1.5cm)
- 양파 1/4개(50g)
- 양송이버섯 5개
  (또는 다른 버섯, 100g)
- 파프리카 1/2개
  (또는 피망 1개, 100g)
- 겨자잎 6~8장
  (또는 다른 쌈 채소, 40g)
- 머스터드 2큰술
- 식용유 1큰술 + 1큰술
- 소금 약간
- 통후추 간 것 약간

밑간
- 청주(또는 소주) 1큰술
- 소금 1/2작은술

소스
- 설탕 2큰술
- 발사믹식초 4큰술
- 물 2큰술
- 양조간장 1큰술

> **응용법**
> 또띠야 대신 식빵, 치아바타,
> 바게트 등에 더해 샌드위치로
> 즐겨도 좋아요.

1
쇠고기는 키친타월로 감싸
핏물을 없앤 후 밑간 재료와
버무려 10분간 둔다.
작은 볼에 소스 재료를 섞는다.

2
양파, 양송이버섯, 파프리카는
0.5cm 두께로 썬다.
또띠야는 굽는다.
(329쪽 과정 ③ 참고)

3
달군 팬에 식용유 1큰술, 양파,
파프리카, 소금을 넣고 중간 불에서
3분, 양송이버섯을 넣고 2분간
볶는다. 불을 끄고 통후추 간 것을
넣은 후 덜어둔다.

4
팬을 다시 달궈 식용유 1큰술,
쇠고기를 넣어 센 불에서 앞뒤로
각각 1분간 겉면을 노릇하게
굽는다.

5
①의 소스를 넣고 중간 불로 줄여
뒤집어가며 4~5분간 소스가
자박해질 때까지 익힌다.

6
한 김 식힌 후 2cm 두께로
어슷 썬다. * 어슷하게 썰어야
베어 먹기 좋다.

7
3장의 또띠야에 머스터드를 나눠
바른다. 겨자잎 → 쇠고기 →
③의 순으로 올린다.

8
재료가 빠지지 않도록 신경쓰며
돌돌 만다.

까르보나라 피자

⏱ **20~25분**
△ **2~3인분**
🅱 **냉장 2일**

- 또띠야(8인치) 2장
- 피망 1/2개
  (또는 파프리카 1/4개, 50g)
- 베이컨 2줄(28g)
- 마늘 1쪽
- 양파 1/4개(50g)
- 슈레드 피자치즈 1/2컵(50g)
- 달걀 1개
- 통후추 간 것 약간
- 올리브유 1작은술

까르보나라 소스
- 생크림 3/4컵(150㎖)
- 소금 1/4작은술
- 통후추 간 것 약간

응용법

송송 썬 청양고추 1개를
과정 ③에서 함께 넣고 끓여
매콤하게 즐겨도 좋아요.

1
마늘은 편 썰고, 양파, 피망은
0.5cm 두께로 채 썬다.
베이컨은 1cm 두께로 썬다.
까르보나라 소스 재료를 섞는다.
오븐은 180℃로 예열한다.

2
달군 팬에 올리브유를 두르고
마늘을 넣어 중약 불에서
1분 30초, 양파를 넣어
1분 30초간 볶는다.

3
까르보나라 소스를 넣어 3~5분간
떠먹는 요구르트의 농도가
될 때까지 저어가며 끓인다.

4
오븐 팬에 종이포일을 깔고
또띠야 1장을 올려
③의 1/2분량을 펴 바른다.

5
나머지 또띠야 1장으로 덮는다.

6
남은 ③을 다시 펴 바른다.

7
피망, 베이컨을 올리고 슈레드
피자치즈를 뿌린다. 180℃로
예열된 오븐에서 5분간 굽는다.

8
오븐에서 꺼내 가운데에 약간의
공간을 만들어 달걀을 넣는다.
다시 180℃의 오븐에서 달걀이
반숙이 될 때까지 5~6분간 굽는다.
통후추 간 것을 뿌린 후 피자를
달걀노른자에 찍어 먹는다.

🕐 **15~20분**
△ **2~3인분**

- 또띠야(8인치) 2장
- 슈레드 피자치즈 2컵(200g)
- 닭안심 2쪽(또는 닭가슴살 1/2쪽, 50g)
- 양송이버섯 2개(50g)
- 방울토마토 3~4개(또는 토마토 1/3개, 50g)
- 시판 바질페스토 1작은술 + 1큰술
- 통후추 간 것 약간

응용법

바질페스토는 만들어도 좋아요.
다진 바질 10장 + 다진 호두 30g +
올리브유 2큰술 + 소금 1/3작은술
+ 다진 마늘 1/2작은술 + 통후추
간 것 약간을 믹서에 곱게 갈아요.
너무 적은 양은 갈리지 않으니
넉넉하게 만들어 냉장(2주).
샌드위치, 피자, 샐러드 드레싱
등으로 활용해요.

치킨 바질페스토 피자

1
닭안심은 2cm 두께로 썬다.
바질페스토 1작은술과 함께
버무려 10분간 둔다. 양송이버섯,
방울토마토는 0.5cm 두께로 썬다.
오븐은 180℃로 예열한다.

2
달군 팬에 닭안심을 넣고
중간 불에서 1분 30초간 앞뒤로
뒤집어가며 노릇하게 굽는다.

3
오븐 팬에 종이포일을 깔고
또띠야 2장을 올린다.
바질페스토 1/2분량씩을
펴 바른 후 슈레드 피자치즈
1/4분량씩을 펼쳐 올린다.
＊오븐 팬의 크기에 따라
1장씩 만들어도 좋다.

4
닭안심, 양송이버섯, 방울토마토,
슈레드 피자치즈 1/2분량씩
나눠 올린다. 180℃로 예열된
오븐의 가운데 칸에서 10분간
노릇하게 굽는다. 통후추 간 것을
뿌린다.

🕐 15~20분
🍽 2인분

- 또띠야(8인치) 2장
- 통조림 옥수수 1/2캔(90g)
- 양파 1/4개(50g)
- 버터 1큰술(무염 또는 가염)
- 파마산 치즈가루 1큰술
- 마요네즈 1큰술
- 올리고당 1큰술
- 슈레드 피자치즈 1/2컵(50g)

응용법

콘치즈로 즐겨도 좋아요.
과정 ②까지 진행한 후 팬에서
펼쳐요. 위에 슈레드 피자치즈
적당량을 올린 후 뚜껑을 덮어
약한 불에서 치즈가 녹을 때까지
익히면 완성!

콘치즈 퀘사디야

1

통조림 옥수수는 체에 밭쳐
물기를 빼고, 양파는 잘게 다진다.

2

달군 팬에 버터를 넣어 녹인 후
옥수수, 양파를 넣고 중간 불에서
2분간 볶는다. 불을 끄고
파마산 치즈가루, 마요네즈,
올리고당을 넣어 섞는다.

3

2장의 또띠야 1/2지점까지
② → 슈레드 피자치즈 순으로
나눠 올린 후 반으로 접는다.

4

달군 팬에 ③을 올리고
중약 불에서 뚜껑을 덮어 2분,
뒤집어 뚜껑을 열고 뒤집개로
누르며 2분, 뒤집어서 1분간 굽는다.
*팬의 크기에 따라 나눠 구워도 좋다.

🕐 **20~25분**
◻ **2인분**

- 잡곡빵 4장(손바닥 크기)
- 돼지고기 등심 2장(돈까스용, 160g)
- 슬라이스 햄 2장(24g)
- 슬라이스 치즈 2장(40g)
- 슈레드 피자치즈 1/2컵(50g)
- 할라페뇨 8조각(약 30g)
- 머스타드 4큰술(기호에 따라 가감)
- 식용유 1큰술
- 버터(무염 또는 가염) 2큰술

밑간
- 맛술 1/2큰술
- 올리브유 1큰술
- 소금 1/3작은술
- 후춧가루 약간

＊쿠바샌드위치 쿠바에서 미국으로 간
이민자들이 만든 샌드위치.
영화 '아메리칸 셰프'로 유명세를 탔다.

응용법

잡곡빵 대신 식빵이나 치아바타,
바게트를 사용해도 좋고,
또띠야에 재료를 넣어 돌돌 말아서
즐겨도 좋아요.

쿠바샌드위치

1

돼지고기는 키친타월로 감싸
핏물을 없앤다. 0.5cm 두께가
되도록 칼등으로 두드려 편 후
밑간 재료와 버무린다.

2

달군 팬에 식용유를 두르고
돼지고기를 넣어 중간 불에서
앞뒤로 각각 2~3분씩 노릇하게
굽는다. ＊ 고기의 두께에 따라
굽는 시간을 가감한다.

3

4장의 잡곡빵 한쪽 면에 머스타드를
나눠 바른다. 2장의 잡곡빵에
슈레드 피자치즈 → 슬라이스 햄 →
할라페뇨 → 돼지고기 → 슬라이스
치즈 순으로 1/2분량씩 나눠
올린 후 나머지 2장의 잡곡빵으로
각각 덮는다.

4

달군 팬에 버터를 넣어 녹인다.
③를 올려 뒤집개로 꾹꾹 눌러가며
중약 불에서 앞뒤로 각각 2~3분씩
치즈가 녹을 때까지 굽는다.
＊팬의 크기에 따라 나눠 구워도
좋다.

🕐 20~25분
△ 2인분

- 식빵 4장
- 아보카도 1개(200g)
- 양송이버섯 10개(200g)
- 파프리카 1/2개(100g)
- 양파 1/4개(50g)
- 식용유 1큰술
- 시판 바질페스토 2큰술
  (홈메이드 바질페스토 310쪽)

양념
- 발사믹식초 2큰술
- 설탕 1작은술
- 양조간장 1작은술

응용법

양송이버섯은 동량(200g)의 다른 버섯으로, 파프리카는 동량(100g)의 피망, 애호박, 가지로 대체해도 좋아요.

구운 채소 아보카도샌드위치

1

양송이버섯은 0.5cm 두께로 썬다. 파프리카, 양파는 가늘게 채 썬다. 아보카도는 손질한 후 1cm 두께의 모양대로 썬다. 볼에 양념 재료를 섞는다.

＊아보카도 손질하기 275쪽

2

달군 팬에 식빵을 올려 중간 불에서 앞뒤로 각각 1분 30초씩 구운 후 그릇에 담아 한 김 식힌다.

＊팬의 크기에 따라 나눠 구워도 좋다.

3

팬을 닦고 다시 달궈 식용유, 양송이버섯, 파프리카, 양파를 넣고 센 불에서 1분 30초간 볶는다. 양념을 넣고 졸아들 때까지 30초~1분간 볶는다.

4

4장의 식빵 한쪽 면에 바질페스토를 나눠 바른다. 2장의 식빵에 아보카도, ③을 나눠 올리고 나머지 2장의 식빵으로 각각 덮는다.

🕐 **20~25분**
🍽 **2인분**

- 식빵 4장(또는 잡곡 식빵, 180g)
- 한입 크기로 썬 샐러드 채소 5장
  (로메인, 치커리 등, 50g)
- 한입 크기로 썬 베이컨 4줄(72g)

소스
- 파마산 치즈가루 1큰술
- 레몬즙 1큰술
- 마요네즈 3큰술
- 설탕 2작은술
- 다진 마늘 1작은술
- 통후추 간 것 약간

응용법

시저 샐러드로 즐겨도 좋아요.
과정 ③까지 진행한 후 속재료는
그대로 샐러드로 즐기고,
재료의 식빵은 한입 크기로 썰어
곁들이세요.

시저샌드위치

1
달군 팬에 기름을 두르지 않은 채
식빵을 올려 중약 불에서 앞뒤로
각각 1분 30초씩 굽는다. 2장의
식빵을 서로 기대도록 세워
한 김 식힌다. ＊세워서 식히면
닿는 면적이 작아 눅눅해지는 것을
막을 수 있다.

2
팬을 닦고 다시 달궈 기름을
두르지 않은 채 베이컨을 넣어
중약 불에서 5~6분간 바삭하게
볶은 후 키친타월에 올려
기름기를 완전히 뺀다.

3
큰 볼에 소스 재료를 넣고
먼저 섞은 후 샐러드 채소,
②를 넣고 살살 버무린다.

4
2장의 식빵에 ③을 나눠
올린 후 다른 2장의 식빵으로
덮는다. 먹기 좋은 크기로 썬다.

🕐 20~25분
🍽 2인분

- 바게트 10cm 2개
- 달걀 2개
- 오이 1/2개(100g)
- 식용유 2큰술
- 고수 약간(생략 가능)

절임
- 가늘게 채 썬 무 100g
- 가늘게 채 썬 당근 1/3개(약 70g)
- 설탕 2큰술
- 식초 3큰술
- 소금 1작은술

스프레드
- 다진 고추(홍고추, 청양고추 등) 2개
- 설탕 1큰술
- 식초 1과 1/2큰술
- 액젓(멸치 또는 까나리) 2작은술

응용법

다진 땅콩, 스위트 칠리 소스
(또는 스리라차 소스)를 곁들이면
더 이국적으로 즐길 수 있어요.

달걀 반미샌드위치

1
볼에 절임 재료를 넣고 버무려
무가 휘어질 때까지 10~15분간
절인 후 물기를 꼭 짠다.
오이는 얇게 어슷 썬다.
다른 볼에 스프레드 재료를
섞는다. 바게트는 길게 칼집을
넣는다.

2
달군 팬에 바게트의 썬 단면이
닿도록 펼쳐 넣은 후 중간 불에서
2~3분간 굽는다.
①의 스프레드를 바게트 안쪽에
나눠 바른다.

3
달군 팬에 식용유, 달걀을 넣고
중간 불에서 앞뒤로 2분간
노릇하게 굽는다.

4
2개의 바게트에 모든 재료를 나눠
끼운다.

파스타 & 수제비 & 국수
8가지 레시피

달걀 시금치 나폴리탄 파스타
이탈리아 토마토 파스타가
일본으로 건너가면서 만들어진
나폴리탄 파스타. 토마토케첩을
더해 친근한 맛이 나는 것이 특징

···→ 317쪽

얼큰 버섯수제비
얼큰한 국물에 모둠 버섯,
미나리, 청양고추까지 팍팍 넣어
해장용으로 참 좋은 수제비

···→ 317쪽

홍합 어묵국수
홍합의 감칠맛이 녹아든 국물에
어묵, 양파 등을 듬뿍 넣은 국수

···→ 320쪽

깻잎 들기름 메밀국수
고소한 들기름, 메밀면
고유의 맛을 그대로 느낄 수 있는
담백한 비빔국수

···→ 321쪽

쇠고기 오이쫄면
분식집 최강 메뉴 쫄면에 고소한
차돌박이, 아삭한 채소를 더한
일품 국수

···→ 322쪽

불닭 까르보나라 볶음면
매콤한 양념을 더한 닭다리살을
노릇하게 볶은 후 우유와 함께
뭉근하게 끓인 볶음면

···→ 323쪽

동남아풍 비빔 쌀국수
매콤새콤한 소스, 파인애플에
쌀국수를 더해 시원한 맛이
이국적인 비빔 쌀국수

···→ 324쪽

차슈 우동샐러드
양념한 돼지고기를 바비큐처럼
굽는 중국의 요리, 차슈. 여기에
고소한 통깨 드레싱을 함께 더한
우동샐러드

···→ 325쪽

얼큰 버섯수제비 _레시피 319쪽

달걀 시금치 나폴리탄 파스타
_레시피 318쪽

달걀 시금치 나폴리탄 파스타

🕐 **25~30분**
⌂ **2~3인분**

- 스파게티 1과 1/2줌(120g)
- 시금치 1줌(100g)
- 양파 1/2개(또는 파프리카, 100g)
- 대파 10cm
- 프랑크 소시지 4개(또는 베이컨, 160g)
- 달걀 2개
- 올리브유(또는 식용유) 1큰술
- 통후추 간 것 약간
- 파마산 치즈가루 약간

소스
- 우유 2큰술
- 토마토케첩 8큰술
- 굴소스 1큰술
- 다진 마늘 1작은술

응용법

수란(끓는 물에 달걀을 넣어 그대로 익히는 것 / 과정 ④~⑥) 대신 달걀프라이를 곁들여도 좋아요.

1
시금치는 한입 크기로 썬다. 양파는 가늘게 채 썰고, 대파는 송송 썬다. 소시지는 어슷 썬다. 스파게티 삶을 물(10컵) + 소금(1큰술)을 끓인다.

2
볼에 소스를 섞는다. 작은 볼에 달걀을 각각 1개씩 깨서 담는다.

3
①의 끓는 물에 스파게티를 펼쳐 넣고 포장지에 적힌 시간에서 1분을 제외하고 삶아 체에 밭쳐 물기를 뺀다.

4
작은 냄비에 물(2~3컵)을 끓인다. 끓어오르면 식초(3큰술)를 넣고 젓가락으로 빠르게 한쪽 방향으로 저어 회오리를 만든다.

5
미리 깨둔 ②의 달걀 1개를 회오리의 가운데로 살며시 넣는다. 그대로 1분간 둔다.

6
체로 살살 건져 찬물에 담가 겉을 굳힌다. 과정 ④~⑤를 한번 더 반복해 2개의 수란을 준비한다.

7
깊은 팬을 달궈 올리브유, 양파, 대파, 소시지를 넣고 중간 불에서 2분, 스파게티, 소스를 넣고 2분간 볶은 후 불을 끈다.

8
시금치를 넣고 남은 열로 1~2분간 볶는다. 그릇에 담고 수란을 올리고 통후추 간 것, 파마산 치즈가루를 뿌린다.

얼큰 버섯수제비

🕐 45~50분
⛰ 3~4인분

- 모둠 버섯 200g
- 미나리 1줌(70g)
- 양파 1/4개(50g)
- 청양고추 2개(생략 가능)
- 대파 15cm
- 조미되지 않은 유부 10장
  (생략 가능)
- 소금 약간

국물
- 국물용 멸치 20마리(20g)
- 두절 건새우 1/2컵(15g)
- 다시마 5×5cm 5장
- 대파 20cm
- 물 8컵(1.6ℓ)

수제비 반죽
- 밀가루 1과 1/2컵
  (중력분 또는 강력분, 150g)
- 감자전분 1/2컵(70g)
- 뜨거운 물 약 3/5컵(120㎖)
  + 찬물 2큰술(30㎖)
- 식용유 1큰술

양념
- 고춧가루 2큰술
- 다진 마늘 1큰술
- 양조간장 2큰술
- 고추장 1큰술

응용법

- 수제비는 시판 수제비나 칼국수면으로 대체 가능해요. 이때, 총량이 300g이 되도록 하세요.
- 두절 건새우는 동량(15g)의 국물용 멸치로 대체해도 좋아요.

1
달군 냄비에 멸치를 넣어 중간 불에서 1분간 볶는다. 나머지 국물 재료를 넣고 중약 불에서 25분간 끓인 후 건더기를 모두 건진다. * 완성된 국물의 양은 6과 1/2컵(1.3ℓ)이며 부족한 경우 물을 더한다.

2
볼에 수제비 반죽 재료를 넣어 한 덩어리가 될 때까지 손으로 치댄 후 위생팩에 넣고 따뜻한 곳 (가스레인지 옆)에 10분간 둔다. * 수제비 반죽은 일반 반죽보다 질어야 쉽게 뗄 수 있다.

3
버섯은 한입 크기로 썰거나 가닥가닥 뜯는다. 미나리는 시든 잎을 떼어내고 5cm 길이로 썬다.

4
양파는 0.5cm 두께로 썰고, 청양고추, 대파는 어슷 썬다. 유부는 채 썬다.

5
①의 냄비에 양념 재료를 넣고 센 불에서 끓어오르면 버섯, 양파, 청양고추를 넣고 중간 불로 줄여 7분간 끓인다.

6
불을 켠 상태로 ②의 반죽을 0.5cm 두께의 한입 크기로 뜯어 넣은 후 반죽이 떠오르고 투명해질 때까지 중간 불에서 3~5분간 끓인다. * 손에 약간의 식용유를 묻히면 반죽을 쉽게 뗄 수 있다.

7
미나리, 대파, 유부를 넣고 중간 불에서 1분간 끓인다. 소금으로 부족한 간을 더한다.

🕐 **30~35분**
🍲 **2~3인분**

- 소면 2줌(140g)
- 홍합 약 15~17개(300g)
- 사각 어묵 1장(또는 다른 어묵, 50g)
- 양파 1/2개(100g)
- 어슷 썬 대파 30cm 분량
- 어슷 썬 청양고추 1개
- 액젓(멸치 또는 까나리) 1작은술
- 소금 1작은술(기호에 따라 가감)

국물
- 편 썬 마늘 4쪽(20g)
- 청주(또는 소주) 1큰술
- 물 6컵(1.2ℓ)

응용법

홍합 어묵탕으로 즐겨도 좋아요.
재료의 소면을 생략하고,
사각 어묵의 양을 3장(150g)으로
늘리면 돼요.

홍합 어묵국수

1

양파는 0.5cm 두께로 채 썰고,
어묵은 2등분한 후 0.5cm 두께로
채 썬다. 홍합은 손질한다.

＊ 홍합 손질하기 10쪽

2

큰 냄비에 홍합, 국물 재료를 넣고
센 불에서 5분, 약한 불로 줄여
10분간 끓인다.
체에 걸러 국물을 따로 두고,
홍합은 살만 발라낸다. ＊ 완성된
국물의 양은 총 5컵(1ℓ)이며
부족할 경우 물을 더한다.

3

냄비에 ②의 국물, 어묵, 양파, 대파,
청양고추, 액젓을 넣고 센 불에서
끓어오르면 중간 불로 줄여
5분간 끓인다. 홍합살을 넣고
센 불에서 끓어오르면 불을 끈다.
소금으로 부족한 간을 더한다.

4

다른 냄비에 물을 넉넉하게 끓여
소면을 펼쳐 넣고 센 불에서
포장지에 적힌 시간대로 삶는다.
찬물에 여러 번 헹궈 물기를 없앤 후
2개의 그릇에 소면, ③을 나눠
담는다.

⏱ **10~15분**
⌂ **2~3인분**

- 메밀면 2줌(140g)
- 김밥 김 5장(또는 마른 김, A4 크기)
- 채 썬 깻잎 10장 분량
- 들기름 2큰술
- 통깨 1큰술

양념
- 양조간장 2큰술
- 청주 1큰술
- 물엿(또는 올리고당) 1큰술

응용법

김밥 김은 조미 김으로 대체해도 좋아요. 단, 조미 김은 간이 되어 있으므로 간을 보며 양념의 양을 조절하세요.

깻잎 들기름 메밀국수

1 면 삶을 물(5컵)이 끓어오르면 메밀면을 넣고 포장지에 적혀있는 시간만큼 삶는다. 체에 밭쳐 찬물로 여러 번 헹군 후 물기를 없앤다.

2 작은 냄비에 양념 재료를 넣어 센 불에서 저어가며 끓여 끓어오르면 1분간 끓인다. 큰 볼에 담아 차게 식힌다.

3 달군 팬에 1~2장의 김을 겹쳐 올려 중약 불에서 앞뒤로 각각 15초씩 굽는다. 위생팩에 넣고 부순다.

4 ②의 볼에 메밀면, 들기름, 통깨를 넣어 비빈다. 그릇에 부순 김을 넓게 펼쳐 담는다. 위에 비빈 면, 깻잎을 올린다.

🕐 **20~25분**
🥣 **2~3인분**

- 쫄면 1과 1/2줌(또는 냉면, 200g)
- 차돌박이(또는 대패 삼겹살) 200g
- 오이 1개(200g)
- 양파 1/4개(50g)
- 식용유 1큰술
- 통깨 약간
- 소금 약간

양념
- 설탕 1큰술
- 통깨 1큰술
- 양조간장 1큰술
- 고추장 2큰술
- 매실청 1과 1/2큰술
  (또는 올리고당, 꿀, 기호에 따라 가감)
- 참기름 1큰술

응용법

쫄면은 동량(200g)의 냉면으로
대체해도 좋아요. 포장지에 적힌
시간대로 삶고, 양념에
연겨자 1작은술을 더하세요.

쇠고기 오이쫄면

1

오이, 양파는 가늘게 채 썬다.
쫄면은 가닥가닥 뜯는다.
큰 볼에 양념을 재료를 넣고
섞는다.
쫄면 삶을 물(6컵)을 끓인다.

2

①의 끓는 물에 쫄면을 넣고
포장지에 적힌 시간대로 삶은 후
찬물에 여러 번 헹궈
물기를 완전히 없앤다.

3

달군 팬에 식용유를 두르고
차돌박이, 소금을 넣고 중간 불에서
4~5분간 노릇하게 볶는다.
키친타월에 올려 기름기를 뺀다.

4

①의 양념에 삶은 쫄면을 넣고
골고루 버무린다. 오이, 양파,
차돌박이를 얹고 통깨를 뿌린다.

🕐 **25~30분** 🍽 **2~3인분**

- 우동면 2팩
  (또는 라면사리, 스파게티, 400g)
- 닭다리살 3쪽
  (또는 닭가슴살 3쪽, 닭안심 12쪽, 300g)
- 양파 1/2개(100g)
- 청양고추 2개(기호에 따라 가감)
- 생크림 1과 1/2컵(또는 우유, 300㎖)
- 슬라이스 치즈 1장
- 식용유 1큰술

양념
- 고춧가루 2큰술
- 다진 마늘 1큰술
- 고추장 2큰술
- 설탕 1큰술
- 양조간장 2큰술
- 후춧가루 약간

응용법
- 청양고추와 양념의 고춧가루,
  고추장을 생략하고, 다진 마늘은
  1/2큰술로 줄이면 아이용으로
  맵지 않게 만들 수 있어요.
- 내열용기에 불닭 까르보나라
  볶음면 적당량, 슈레드 피자치즈
  1컵(100g)을 담고 전자레인지에서
  치즈가 녹을 때까지 돌려서
  그라탕으로 즐겨도 좋아요.

불닭 까르보나라 볶음면

1
양파는 0.5cm 두께로 썰고,
청양고추는 굵게 다진다.
닭다리살은 한입 크기로 썬다.
볼에 양념을 섞는다.
우동 삶을 물(4컵)을 끓인다.

2
①의 끓는 물에 우동면을 넣고
중간 불에서 젓지 않고 2분간
삶는다. 체에 밭쳐 찬물에
헹군 후 물기를 뺀다.
＊면을 휘저으면 끊어지므로
그대로 삶는다.

3
깊은 팬을 달궈 식용유, 닭다리살을
넣고 중간 불에서 3분, 양파,
청양고추, 양념을 넣고 1분간 볶는다.

4
생크림, 슬라이스 치즈를 넣고
중간 불에서 떠먹는 요거트와
같은 농도가 될 때까지 2~4분,
우동면을 넣고 2분간 저어가며
끓인다.

🕐 **20~25분** 🍽 **2~3인분**

- 쌀국수 2줌(두께 0.3cm, 100g)
- 냉동 생새우살 10마리(100g)
- 어린잎채소 1줌
  (또는 쌈 채소, 25g, 생략 가능)
- 오이(또는 피망) 1/4개
- 파프리카 1/4개
  (또는 당근 1/3개, 500g)
- 통조림 파인애플 1개
  (또는 사과 1/2개, 100g)

소스
- 다진 양파 2큰술
- 칠리소스 2큰술
  (달지 않은 것)
- 토마토케첩 1큰술
- 식초 1큰술(기호에 따라 가감)
- 올리고당 1큰술
- 양조간장 1작은술

> **응용법**
> 냉동 생새우살은 동량(100g)의
> 오징어 약 1/2마리로 대체해도
> 좋아요. 끓는 물에서 2분간
> 데친 후 더하세요.

동남아풍 비빔 쌀국수

1
작은 볼에 소스 재료를 넣어
섞는다. 쌀국수 삶을 물(5컵) +
소금(1/2작은술)을 끓인다.

2
냉동 생새우살은 찬물에 담가
해동한다. 오이, 파프리카는
0.5cm 두께로 채 썬다.
파인애플은 한입 크기로 썬다.

3
①의 끓는 물에 쌀국수를 넣어
포장지에 적힌 시간대로 삶은 후
찬물에 여러 번 헹궈 물기를 없앤다.
이때, 생새우살을 데쳐야 하므로
끓는 물은 버리지 않는다.

4
③의 끓는 물에 생새우살을 넣어
2분간 삶은 후 체에 밭쳐 찬물에
헹궈 물기를 뺀다.
그릇에 모든 재료를 나눠 담고
①의 소스를 조금씩 넣어가며
비벼 먹는다.

🕐 20~25분 🍽 2~3인분

- 우동면 1팩(200g)
- 삼겹살(또는 돼지고기 목살) 300g
- 어린잎채소 1줌(25g)
- 방울토마토 5개
  (또는 토마토 1/2개, 75g)
- 시리얼 1컵(또는 견과류 5큰술)

소스
- 설탕 1큰술
- 양조간장 1큰술
- 맛술 1큰술
- 물 1/2컵(100㎖)

드레싱
- 곱게 간 통깨 4큰술
- 마요네즈 3큰술
- 올리고당 1큰술
- 식초 2작은술(기호에 따라 가감)
- 양조간장 1/2작은술

응용법

우동면은 스파게티면
2줌(140g)으로 대체해도 좋아요.
포장지에 적힌 시간에서
1분을 더 삶은 후
마지막에 더하세요.

챠슈 우동샐러드

1
작은 볼에 소스, 드레싱 재료를
각각 넣고 섞는다. 방울토마토는
2등분한다. 삼겹살은 키친타월로 감싸
핏물을 없앤 후 2cm 두께로 썬다.

2
달군 팬에 삼겹살을 넣고
중간 불에서 3분, 소스를 넣고
끓어오르면 소스가 자작해질
때까지 5~6분간 조린 후
그대로 한 김 식힌다.

3
끓는 물(5컵)에 우동면을 넣고
중간 불에서 젓지 않고 2분간 삶는다.
체에 밭쳐 찬물에 헹군 후
물기를 뺀다. *면을 휘저으면
끊어지므로 그대로 삶는다.

4
볼에 드레싱을 제외한 모든
재료를 담는다. 드레싱을 조금씩
넣어가며 비벼 먹는다.

돈가스 & 카레
8가지 레시피

돈가스 샌드위치
도톰한 돈가스를 통째로 넣고
채 썬 양배추를 듬뿍 더해 식감,
영양이 모두 살아 있는 샌드위치

··· 327쪽

돈가스 스낵랩
또띠야에 돈가스, 고소한 소스,
각종 채소를 함께 넣고
돌돌 만 랩

··· 327쪽

볶음 김치 가츠동
다시마로 우려낸 국물에
김치, 달걀물을 넣고
돈가스를 담근 가츠동

···330쪽

깐풍돈까스
한입에 먹기 좋은 미니 돈가스에
홈메이드 깐풍 소스를 더한
일품 요리

··· 331쪽

드라이카레
주키니, 양파, 당근,
다진 돼지고기를 최소의 물로
볶아 재료가 가진 수분으로
만드는 카레

··· 332쪽

쇠고기 토마토카레
큼직하게 썬 쇠고기,
토마토 홀, 채소를 뭉근하게
끓여 만든 카레

··· 334쪽

버터 치킨카레
양파, 닭다리살은 버터에 볶아
고소한 풍미가 살아 있는 카레

··· 336쪽

파인애플카레
파인애플을 더해
이국적이면서도 상큼한 맛의
카레

··· 337쪽

돈가스 스낵랩 _레시피 329쪽

돈가스 샌드위치 _레시피 328쪽

돈가스 샌드위치

🕐 **20~25분**
△ **2인분**

- 식빵 4장(180g)
- 시판 돈가스 2장(200g)
- 양배추 3장(손바닥 크기, 90g)
- 양파 1/5개(또는 당근, 40g)
- 깻잎 4장(8g)
- 식용유 1컵(200㎖)
- 마요네즈 2작은술

소스
- 설탕 1큰술
- 식초 1큰술
- 마요네즈 4큰술
- 양조간장 1과 1/2작은술
- 연겨자 1~1과 1/2작은술
  (기호에 따라 가감)

응용법

식빵 대신 또띠야를 사용해도 좋아요. 과정 ⑤까지 진행한 후 돈가스를 2~3등분해요. 또띠야 1장에 각종 재료를 넣고 돌돌 말아주세요.

1
양파는 가늘게 채 썰어 찬물에 10분간 담가 매운맛을 없앤 후 체에 밭쳐 물기를 뺀다. 키친타월로 감싸 물기를 완전히 없앤다.

2
양배추는 최대한 가늘게 채 썬다. 깻잎은 돌돌 말아 최대한 가늘게 채 썬다. ＊양배추는 채칼을 이용해도 좋다.

3
볼에 소스 재료를 넣어 섞은 후 양배추, 양파, 깻잎을 넣어 버무린다.

4
달군 팬에 기름을 두르지 않은 채 식빵을 올려 중약 불에서 앞뒤로 각각 1분 30초씩 굽는다. 2장의 식빵을 서로 기대도록 세워 한 김 식힌다. ＊세워서 식히면 닿는 면적이 작아 눅눅해지는 것을 막을 수 있다.

5
달군 팬에 식용유를 넣어 센 불에서 180℃(빵가루를 넣었을 때 중간까지 가라앉았다가 2초 후에 떠오르는 상태)로 끓인다. 돈가스를 넣고 약한 불에서 2분, 젓가락으로 3~4군데 찌르고 뒤집어가며 6~8분간 튀긴다. ＊포장지에 적힌 방법대로 익혀도 좋다.

6
2장의 식빵에 ③, 돈가스를 나눠 올린다.

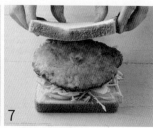

7
나머지 2장의 식빵에 마요네즈를 1작은술씩 펴 바른 후 덮는다. 먹기 좋은 크기로 썬다.

돈가스 스낵랩

🕐 **20~25분**
⌂ **2인분**

- 또띠야 3장(8인치)
- 시판 돈가스 1장(100g)
- 적채 2장(손바닥 크기, 또는 양배추, 60g)
- 오이 1/2개(100g)
- 토마토 1/3개(50g)
- 식용유 1컵(200㎖)

절임 양념
- 식초 2큰술
- 소금 약간

소스
- 곱게 간 통깨 2큰술
- 시판 돈가스소스 3큰술
- 마요네즈 1큰술

응용법

또띠야 대신 식빵을 사용해도 좋아요. 과정 ⑥까지 진행한 후 2장의 식빵에 소스, 속재료를 올리고, 나머지 2장의 식빵으로 덮으면 완성!

1 적채는 최대한 가늘게 채 썰어 절임 양념 재료와 버무려 10분간 절인 후 체에 밭쳐 물기를 뺀다.
＊채칼을 이용해도 좋다.

2 오이는 0.5cm 두께로 채 썬다. 토마토는 2등분한 후 0.5cm 두께로 썬다.

3 기름을 두르지 않은 달군 팬에 또띠야를 넣고 중간 불에서 앞뒤로 각각 15초씩 구워 덜어둔다.

4 달군 팬에 식용유를 넣어 센 불에서 180℃(빵가루를 넣었을 때 중간까지 가라앉았다가 2초 후에 떠오르는 상태)로 끓인다. 돈가스를 넣고 약한 불에서 2분, 젓가락으로 3~4군데 찌르고 뒤집어가며 6~8분간 튀긴다. ＊포장지에 적힌 방법대로 익혀도 좋다.

5 돈가스를 한 김 식힌 후 6등분한다.

6 볼에 소스 재료를 섞는다.

7 또띠야의 1/2지점까지 ⑥의 소스 1/3분량을 얇게 펴 바른다. 적채, 오이, 토마토, 돈가스를 각각 1/3분량씩 올린다.

8 또띠야의 양옆을 접은 후 돌돌 만다. 같은 방법으로 2개 더 만든다.
＊먹기 좋게 썰거나, 유산지로 감싸도 좋다.

🕐 25~30분
🍚 2인분

- 따뜻한 밥 1과 1/2공기(300g)
- 시판 돈가스 2장(200g)
- 익은 배추김치 1컵(150g)
- 양파 1/4개(50g)
- 송송 썬 대파 15cm
- 달걀 2개
- 맛술 2큰술
- 양조간장 1/2큰술
- 식용유 1컵(200㎖) + 1큰술

국물
- 다시마 5×5cm 4장
- 양조간장 1큰술
- 맛술 1/2큰술
- 설탕 1작은술
- 물 2컵(400㎖)

응용법

송송 썬 청양고추 1개분을
과정 ④에서 돈가스와 함께 넣어
매콤하게 즐겨도 좋아요.

볶음 김치 가츠동

1

양파는 가늘게 채 썰고,
배추김치는 1cm 두께로 썬다.
볼에 달걀을 넣어 푼다.

2

달군 팬에 식용유 1컵(200㎖)을 넣어
센 불에서 180℃(빵가루를 넣었을
때 중간까지 가라앉았다가 2초 후에
떠오르는 상태)로 끓인다. 돈가스를
넣고 약한 불에서 2분, 젓가락으로
3~4군데 찌르고 뒤집어가며 6~8분간
튀긴다. ＊포장지에 적힌 방법대로
익혀도 좋다.

3

달군 팬에 식용유 1큰술, 배추김치,
맛술, 양조간장을 넣고 중약 불에서
3~4분간 볶은 후 덜어둔다.

4

③의 팬을 닦은 후 국물 재료를 넣어
센 불에서 끓어오르면 양파를 넣고
중약 불로 줄여 10분간 끓인 다음
다시마를 건져낸다.
돈가스, 대파를 넣고 달걀을 둘러가며
붓고 젓지 말고 그대로 중간 불에서
1분간 끓인다. 그릇에 밥과 함께 나눠
담는다. ＊달걀을 넣고 휘젓지 않고
그대로 둬야 국물이 깔끔하다.

330

🕐 20~25분
◠ 2~3인분
🔯 냉장 2일

- 냉동 미니 돈가스 20개
  (또는 돈가스 2개, 200g)
- 양파 1/4개(50g)
- 피망 1개(또는 파프리카 1/2개, 100g)
- 송송 썬 대파 15cm 분량
- 청양고추 1개(생략 가능)
- 식용유 3큰술
- 고추기름(또는 식용유) 1큰술

깐풍 소스
- 설탕 1과 1/2큰술
- 다진 마늘 1/2큰술
- 식초 2큰술
- 양조간장 2큰술
- 감자전분 1작은술
- 참기름 1작은술
- 물 1/2컵(100㎖)

응용법

고추기름 대신 식용유를 더하고,
청양고추를 생략하면
아이용으로 맵지 않게 만들 수
있어요.

깐풍돈까스

1

양파, 피망은 0.5cm 두께로
채 썰고, 청양고추는 송송 썬다.
깐풍 소스 재료를 섞는다.

2

달군 팬에 식용유, 미니 돈가스를
넣어 중약 불에 5~6분간
뒤집어가며 구운 후 덜어둔다.
＊포장지에 적힌 방법대로 익혀도
좋다.

3

달군 팬에 고추기름, 양파를 넣고
중간 불에서 1분,
피망을 넣어 1분간 볶는다.

4

대파, 청양고추, ①의 소스를 넣고
중간 불에서 걸쭉해질 때까지
1분간 저어가며 끓인다.
그릇에 모든 재료를 담는다.
＊소스는 넣기 전에 한 번
더 섞는다.

드라이카레

- 30~35분
- 2~3인분
- 냉장 4일

- 다진 돼지고기 200g
  (또는 다진 쇠고기)
- 주키니 1/2개(250g)
- 양파 1개(200g)
- 당근 1/4개
  (또는 자투리 버섯, 50g)
- 고형카레 2조각
  (또는 카레가루 4큰술,
  염도에 따라 가감)
- 양조간장 1작은술
- 물 1/4컵(50mℓ)
- 버터 1큰술(무염 또는 가염)

밑간
- 다진 마늘 1/2큰술
- 청주 1큰술
- 소금 약간
- 후춧가루 약간

응용법

먹기 직전에 달걀노른자를 더해서
함께 비벼 먹으면 더 촉촉하고
고소하게 즐길 수 있어요.

1

볼에 다진 돼지고기와
밑간 재료를 넣고 버무린다.

2

주키니, 양파, 당근은
사방 0.5cm 크기로 썬다.

3

깊은 팬을 달군 후 버터를 녹인다.
양파를 넣고 중간 불에서 3분간
볶는다.

4

주키니, 당근을 넣고 센 불에서
2분, 다진 돼지고기를 넣어
2분간 볶는다.

5

물 1/4컵(50mℓ)을 넣고
중약 불에서 5분간 타거나 눌어붙지
않게 중간중간 저어가며 끓인다.

6

고형카레, 양조간장을 넣고
고형카레가 풀어질 때까지
2분간 저어가며 볶는다.

쇠고기 토마토카레

- ⏱ 30~35분
- ⌂ 2~3인분
- 🅑 냉장 2일

- 쇠고기 스테이크용 300g
  (두께 1.5cm, 또는 등심, 안심)
- 통조림 홀토마토 1캔(400g)
- 마늘 5쪽(25g)
- 양파 1/2개(100g)
- 가지 1개(150g)
- 주키니 1/2개(250g)
- 카레가루 5큰술
  (또는 고형카레 2와 1/2조각,
  염도에 따라 가감)
- 식용유 1큰술

응용법
- 양파, 가지, 주키니는 파프리카,
  피망, 애호박 등 다른 재료로
  대체 가능해요. 단, 총량이
  500g이 되도록 하세요.
- 스파게티 1줌(70g)을 포장지에
  적힌 시간대로 삶은 후
  마지막에 더해도 좋아요.

1 쇠고기는 키친타월로 감싸 핏물을
없앤 후 큼직하게 썬다.

2 마늘은 편 썰고,
양파, 가지, 주키니는
쇠고기와 비슷한 크기로 썬다.

3 달군 팬에 식용유를 두르고
마늘을 넣어
약한 불에서 1분간 볶는다.

4 쇠고기를 넣고 5~7분간 겉면이
노릇하게 될 때까지 볶는다.

5 홀토마토, 양파를 넣고 센 불에서
저어가며 끓인다. 끓어오르면
중약 불로 줄여 뚜껑을 덮고
10분간 끓인다. ※ 중간중간
눌어붙지 않도록 저어준다.

6 뚜껑을 열고 가지, 주키니를 넣어
저어가며 5분, 카레가루를 넣고
3분간 끓인다.

335

🕐 **30~35분** 🍽 **2~3인분** ⏱ **냉장 4일**

- 닭다리살 4쪽(또는 닭가슴살, 400g)
- 양파 1/2개(100g)
- 다진 마늘 1큰술
- 다진 생강 1작은술(생략 가능)
- 버터 2큰술(무염, 20g)
- 우유 3컵(600mℓ)
- 카레가루 5큰술(또는 고형카레 2와 1/2조각, 염도에 따라 가감)
- 양조간장 1작은술

밑간
- 밀가루 1큰술
- 카레가루 1큰술
- 청주 1큰술
- 올리브유 1큰술
- 고춧가루 2작은술
- 소금 약간
- 후춧가루 약간

응용법

인도 난(인도의 빵) 대신 구하기 쉬운 또띠야를 카레에 곁들여도 좋아요. 기름을 두르지 않은 달군 팬에 또띠야를 넣고 중간 불에서 앞뒤로 각각 15초씩 구우면 완성!

구운 또띠야 곁들이기 **응용**

버터 치킨카레

1

양파는 굵게 다진다.
닭다리살은 한입 크기로 썬 후 밑간과 버무린다.

2

달군 냄비에 버터, 다진 양파, 다진 마늘, 다진 생강을 넣고 중간 불에서 3분간 볶는다.

3

닭다리살을 넣고 중약 불에서 2분 30초간 저어가며 볶는다.
＊닭다리살이 눌어붙지 않도록 주걱으로 계속 저어준다.

4

우유, 카레가루, 양조간장을 넣고 중간 불에서 중간중간 저어가며 8~10분간 걸쭉한 상태가 될 때까지 끓인다.

⏱ **30~35분**
⌂ **2~3인분**
🔲 **냉장 2일**

- 통조림 파인애플 2개(200g)
- 양파 1/4개 (50g)
- 파프리카 1/4개(50g)
- 브로콜리 1/6개(50g)
- 식용유 1큰술
- 카레가루 9큰술
  (또는 고형카레 4와 1/2조각,
  염도에 따라 가감)
- 물 2와 1/2컵(500ml)
- 우유 1/4컵(또는 생크림, 50ml)
- 설탕 1작은술

응용법

통조림 파인애플은 동량(200g)의
생 파인애플로 대체해도 좋아요.
과정 ②에서 양파와 함께 넣고
볶으세요.

파인애플카레

1

파인애플, 양파, 파프리카,
브로콜리는 한입 크기로 썬다.

2

달군 냄비에 식용유, 양파,
파프리카를 넣고
중간 불에서 2분간 볶는다.

3

카레가루, 물 2와 1/2컵(500ml)을
넣고 센 불에서 끓어오르면
중간 불로 줄여 5분간
저어가며 끓인다.

4

파인애플, 브로콜리, 우유, 설탕을
넣고 3분간 저어가며 끓인다.

떡볶이 & 만두
6가지 레시피

깐풍떡볶이
달콤 짭조름한 깐풍 소스에 다진 채소,
말랑한 떡을 넣어 잘 버무린 떡볶이

···→ 339쪽

통오징어 국물떡볶이
오징어 한 마리가 통째로 들어가
감칠맛, 쫄깃한 식감까지 모두
느낄 수 있는 떡볶이

···→ 340쪽

명란 크림 소스 떡볶이
고소한 생크림에 짭조름한 명란젓으로
간을 더한 부드러운 맛의 떡볶이

···→ 342쪽

부추 비빔만두
부추, 콩나물을 아삭하게 무친 후
노릇하게 구운 만두에 곁들이는 요리

···→ 344쪽

눈꽃만두 & 양배추샐러드
마치 눈꽃의 결정체 같은 바삭한 반죽을
더해 굽는, 선술집이 생각나는 만두와
고소한 양배추샐러드

···→ 346쪽

매콤 만두강정
남녀노소 누구나 좋아하는 강정 소스에
물만두를 튀겨서 곁들인 요리

···→ 347쪽

⏱ 20~25분
🍽 2인분

- 떡볶이 떡 1과 1/3컵(200g)
- 양파 1/4개(50g)
- 피망 1개(또는 파프리카 1/2개, 100g)
- 편 썬 마늘 2쪽(10g)
- 식용유 1큰술

깐풍 소스
- 설탕 1큰술(기호에 따라 가감)
- 물 2큰술
- 식초 1과 1/2큰술
- 양조간장 1큰술
- 굴소스 1/2큰술

응용법
식용유를 동량(1큰술)의
고추기름으로 대체하고,
송송 썬 청양고추 1개를
과정 ③에서 함께 더해
매콤하게 즐겨도 좋아요.

깐풍떡볶이

1
양파, 피망은 굵게 다진다. 작은
볼에 깐풍 소스 재료를 섞는다.
떡볶이 떡 데칠 물(2컵)을 끓인다.

2
①의 끓는 물에 떡볶이 떡을 넣어
말랑해질 때까지 중간 불에서
1~2분간 데친다. 체에 밭쳐 찬물에
헹궈 그대로 물기를 뺀다.
＊말랑한 떡을 사용할 경우
이 과정을 생략한다.

3
깊은 팬에 식용유를 두르고
편 썬 마늘을 넣어 중약 불에서 1분,
양파, 피망을 넣고 1분,
깐풍 소스를 넣고 1분간 볶는다.

4
떡을 넣고 소스와 잘 버무려질 때까지
중간 불에서 2~3분간 볶는다.

통오징어 국물떡볶이

⏱ 20~25분
🍽 2인분

- 떡볶이 떡 1과 1/3컵(200g)
- 오징어 1마리
  (270g, 손질 후 180g)
- 채 썬 깻잎 10장 분량
- 대파 40cm
- 식용유 1큰술
- 물 1컵(200㎖)

양념
- 설탕 2큰술
- 고춧가루 2큰술
- 다진 마늘 1큰술
- 양조간장 1큰술
- 굴소스 1큰술
- 고추장 1과 1/2큰술

응용법
- 냉동 생새우살 9마리(킹사이즈, 180g)를 해동한 후 과정 ⑥에서 오징어와 함께 더해도 좋아요.
- 마지막에 송송 썬 청양고추를 더해 매콤하게 즐겨도 좋아요.

1
끓는 물(2컵)에 떡볶이 떡을 넣어 말랑해질 때까지 중간 불에서 1~2분간 데친다. 체에 밭쳐 찬물에 헹궈 물기를 뺀다. ＊말랑한 떡을 사용할 경우 이 과정을 생략한다.

2
대파는 5cm 길이로 썬 후 채 썬다. 오징어는 손질한 후 몸통에 사진과 같이 1cm 간격으로 칼집을, 다리에 잔 칼집을 낸다. ＊오징어 몸통 가르지 않고 손질하기 11쪽

3
양념 재료를 섞은 후 1/2분량에는 ①의 떡볶이 떡을, 1/2분량에는 ②의 오징어를 넣어 각각 버무린다.

4
달군 냄비에 식용유를 두르고 대파를 넣어 중약 불에서 1분간 볶는다.

5
떡볶이 떡을 넣어 2분간 볶는다. 물 1컵(200㎖)을 붓고 뚜껑을 덮어 센 불에서 끓어오르면 2분 30초간 중간중간 저어가며 끓인다.

6
오징어를 넣어 센 불에서 4~5분간 오징어가 익을 때까지 저어가며 끓인다. 깻잎을 올린다.

명란 크림 소스 떡볶이

⏱ **20~25분**
⌂ **2인분**

- 떡볶이 떡 1과 1/3컵(200g)
- 양파 1/2개(100g)
- 브로콜리 1/3개(100g)
- 양송이버섯 2개(40g)
- 식용유 1큰술
- 통후추 간 것 약간

소스
- 명란젓 1~2개(40g, 염도에 따라 가감)
- 생크림 1컵(200㎖)
- 우유 1/2컵(100㎖)

응용법

송송 썬 청양고추 1개를
과정 ⑤에서 소스와 함께 넣고
매콤하게 즐겨도 좋아요.

1 양파, 브로콜리는 한입 크기로 썰고,
양송이버섯은 0.3cm 두께로 썬다.
떡볶이 떡 데칠 물(3컵)을 끓인다.

2 명란젓은 양념을 씻어낸 후
잘게 다진다.

3 볼에 소스 재료를 넣어 섞는다.

4 ①의 끓는 물에 떡볶이 떡을 넣어
말랑해질 때까지 중간 불에서
데친 후 체로 건져 찬물에 헹궈
물기를 뺀다. 물을 계속 끓여
브로콜리를 넣고 1분간 데친 후
체에 밭쳐 찬물에 헹궈 물기를 뺀다.

5 깊은 팬을 달궈 식용유를 두르고
양파, 양송이버섯을 넣어
중간 불에서 2분간 볶는다.
떡볶이 떡, 소스를 넣고 센 불에서
끓어오르면 중간 불로 줄여
바닥이 눌어붙지 않도록 계속
저어가며 3분간 끓인다.

6 브로콜리를 넣고 통후추 간 것을 뿌려
1분간 저어가며 끓인다.
＊소금이나 파마산 치즈가루로
부족한 간을 더해도 좋다.

부추 비빔만두

🕐 **15~20분**
△ **2인분**

- 시판 군만두 8개(기호에 따라 가감)
- 부추 2줌(100g)
- 콩나물 2줌(100g)
- 식용유 4큰술

양념
- 통깨 1큰술
- 설탕 1큰술
- 식초 3큰술(기호에 따라 가감)
- 올리고당 1큰술
- 고추장 2큰술
- 참기름 1큰술
- 다진 마늘 1작은술

응용법

콩나물은 동량(100g)의 가늘게
채 썬 양배추로 대체해도 좋아요.
이때, 양배추는 익히지 않고
생으로 더하세요.

1
큰 볼에 양념 재료를 섞는다.

2
부추는 5cm 길이로 썬다.
콩나물은 체에 밭쳐 흐르는 물에
헹군 후 그대로 물기를 없앤다.

3
냄비에 콩나물, 물(1/2컵)을 넣고
뚜껑을 덮어 센 불에서 30초,
중간 불로 줄여 5분간 익힌다.
체에 밭쳐 물기를 뺀 후
그릇에 펼쳐 완전히 식힌다.
＊익히는 동안 뚜껑을 계속 덮어야
콩나물 특유의 비린내가 나지
않는다.

4
달군 팬에 식용유를 두르고
군만두를 넣어 중간 불에서 앞뒤로
뒤집어가면 4~5분간 노릇하게
튀기듯이 굽는다.

5
뚜껑을 덮고 1분, 뚜껑을 열고
센 불에서 1분간 뒤집어가며
바삭하게 튀기듯이 익힌다.
＊시판 군만두는 제품에 따라
굽는 시간이 다르므로 포장지에
표시된 시간에 맞춰 굽는다.

6
①의 볼에 데친 콩나물, 부추를 넣어
살살 버무려 군만두와 함께 곁들인다.

🕐 **15~20분**
🔺 **2인분**
🔒 **냉장 1일**

- 냉동 만두 10개(크기에 따라 가감)
- 양배추 3장(손바닥 크기, 90g)

튀김물
- 튀김가루 1큰술
- 물 1/2컵(100㎖)
- 식용유 4큰술

양배추샐러드 드레싱
- 통깨 1큰술
- 설탕 1큰술
- 식초 1큰술
- 양조간장 1큰술
- 연와사비 1/2작은술
  (기호에 따라 가감)
- 후춧가루 약간

응용법

양배추는 동량(90g)의
영양부추 + 가늘게 채 썬 양파로
대체해도 좋아요.

눈꽃만두 & 양배추샐러드

1

볼에 튀김물 재료를 넣어 섞는다.
다른 볼에는 양배추샐러드
드레싱을 섞는다. 양배추는
최대한 가늘게 채 썬다.
＊채칼을 이용해도 좋다.

2

달군 팬에 만두를 빙 둘러 넣는다.
튀김물을 넣어 펼친 후 뚜껑을 덮는다.
센 불에서 3~4분간 바닥이 타지
않는지 주의하며 익힌다.

3

약한 불로 줄여 2~3분간
바닥이 노릇하게 될 때까지 익힌다.

4

양배추, 양배추샐러드 드레싱을
버무린 후 ③의 눈꽃만두에 곁들인다.

346

🕐 15~20분
⌂ 2인분
🔲 냉장 2일

- 냉동 물만두 18개(300g)
- 양파 1/2개(100g)
- 대파 10cm
- 식용유 3큰술 + 1큰술
- 다진 견과류 약간(생략 가능)

양념
- 고춧가루 1/2큰술
- 다진 마늘 1/2큰술
- 물엿 3큰술(또는 꿀)
- 고추장 2큰술
- 고추기름 2큰술
- 설탕 1작은술
- 양조간장 1작은술

응용법

물만두는 동량(300g)의 다른 만두나 너겟으로 대체해도 좋아요. 사용하는 제품의 포장지에 적힌 조리법대로 익힌 후 더하면 돼요.

매콤 만두강정

1

양파, 대파는 굵게 다진다. 볼에 양념 재료를 섞는다.

2

달군 팬에 식용유 3큰술, 냉동 물만두를 넣고 포장지에 적힌 시간대로 구운 후 덜어둔다.

3

달군 팬에 식용유 1큰술, 양파, 대파를 넣어 중간 불에서 2분, 양념을 넣고 약한 불로 줄여 1분간 볶는다.

4

만두, 다진 견과류를 넣고 버무린다.

Index

349

< 진짜 기본 요리책 : 응용편 > 과 **함께 보면 좋은 책**

< 진짜 기본 요리책 > 완전 개정판
월간 수퍼레시피 지음 / 356쪽

국민 요리책으로 사랑받는 스테디셀러.
오늘 처음 요리를 시작하는 왕초보도
그대로 따라 하면 성공하는 레시피 320개.
이 한 권이면 기본 요리는 진짜 끝!

< 진짜 기본 세계 요리책 >
김현숙 지음 / 356쪽

반복되는 일상 속 여행 같은 책.
진짜 배우고 싶었던 세계 요리 116개,
24개국의 대표적인 요리와 함께
방구석 세계 미식 여행 떠나기!

< 진짜 기본 베이킹책 >
월간 수퍼레시피 지음 / 296쪽

베이킹 고수부터 초보까지 필수 소장해야 할 책.
진짜 쉽고 진짜 맛있고 진짜 자세하게 만든
홈베이킹의 정석 레시피 111개.
베이킹 왕초보도 그대로 따라 하면 성공.

< 진짜 기본 베이킹책 2탄 >
베이킹팀 굽ㄷa 지음 / 196쪽

진짜 제대로 배우고 싶은
유명 카페 & 베이커리 One pick 레시피 64개.
1탄으로 베이킹의 기본기를 다졌다면
2탄으로 요즘 인기 있는 디저트 완성!

한식을 깊이 있게 배우고 싶다면? 명랑쌤 비법 시리즈

< 집밥이 편해지는 명랑쌤 비법 밑반찬 >
명랑쌤 이혜원 지음
넉넉히 만들어 냉장고에 보관해도
한결같이 맛있는 비법 레시피

< 집밥이 더 맛있어지는 명랑쌤 비법 국물요리 >
명랑쌤 이혜원 지음
비법 밑국물과 양념으로 맛집보다
더 깊은 맛의 국물요리를 만드는 노하우

< 외식보다 맛있는 집밥, 명랑쌤 비법 한 그릇
밥과 면 > 명랑쌤 이혜원 지음
밥, 반찬, 국을 따로 준비할 필요 없고
별식으로 즐기기 좋은 한 그릇 메뉴들

사먹는 것보다 더 맛있는 별식을 한 권에!

< 매일 만들어 먹고 싶은 식사샐러드 >
로컬릿 남정석 지음
샐러드 전문 셰프의 맛있고,
든든하고, 건강한 하루 한 끼 식사샐러드

< 매일 만들어 먹고 싶은 오픈 샌드위치
& 토핑 샐러드 > 아리미 신아림 지음
카페 메뉴 컨설턴트 아리미의 만능 속재료로
동시에 완성하는 샌드위치 & 샐러드

< 매일 만들어 먹고 싶은 별미김밥 / 주먹밥 /
토핑유부초밥 > 정민 지음
평범했던 집밥, 비슷했던 도시락을
더욱 맛있고 특별하게 해줄 별미 한입밥

나와 가족의 건강을 걱정하는 당신에게

< 당뇨와 고혈압 잡는 저탄수 균형식 다이어트 >
윤지아 지음
당뇨와 고혈압을 정상으로 되돌린
셰프의 맛보장 저탄수 균형식 레시피

< 월간 채소 : 채소 미식가의 신新박한 열두 달
채소요리 > 베지따블 송지현 지음
채소를 다채롭게 즐기고자 하는 채식 지향자를
위한 요리 월간지 같은 제철 채소요리책

< 매일 만들어 먹고 싶은 비건 한식 >
정재덕 지음
사찰 음식을 모티브로 쉽고 친근한 레시피를 담은
매일의 밥상이 즐거운 채식 집밥

진짜 맛있고
진짜 다채로운
기본 집밥의
응용 레시피 230개

진짜 기본 요리책

응용편

1판 1쇄 펴낸 날 2022년 2월 17일
1판 2쇄 펴낸 날 2023년 11월 15일

편집장   김상애
디자인   원유경·조운희
사진   박형인(studio TOM, 어시스턴트 한찬희)
스타일링   김주연(u r today, 어시스턴트 박제희)
기획·마케팅   엄지혜

편집주간   박성주
펴낸이   조준일

펴낸곳   (주)레시피팩토리
주소   서울특별시 용산구 한강대로 95 래미안용산더센트럴 A동 509호
대표번호   02-534-7011
팩스   02-6969-5100
홈페이지   www.recipefactory.co.kr
애독자 카페   cafe.naver.com/superecipe(레시피팩토리 프렌즈)
출판신고   2009년 1월 28일 제25100-2009-000038호

제작·인쇄   (주)대한프린테크

값 21,000원

ISBN 979-11-85473-98-7